U0613846

基础生物化学实验教程

关晓溪　主编

中国农业出版社
北　京

图书在版编目（CIP）数据

基础生物化学实验教程 / 关晓溪主编 . —北京：
中国农业出版社，2024.4
ISBN 978 - 7 - 109 - 31831 - 1

Ⅰ.①基… Ⅱ.①关… Ⅲ.①生物化学－化学实验－
高等学校－教材 Ⅳ.①Q5 - 33

中国国家版本馆 CIP 数据核字（2024）第 059532 号

基础生物化学实验教程
JICHU SHENGWU HUAXUE SHIYAN JIAOCHENG

中国农业出版社出版
地址：北京市朝阳区麦子店街 18 号楼
邮编：100125
责任编辑：冀 刚 文字编辑：徐志平
版式设计：王 晨 责任校对：张雯婷
印刷：三河市国英印务有限公司
版次：2024 年 4 月第 1 版
印次：2024 年 4 月河北第 1 次印刷
发行：新华书店北京发行所
开本：700mm×1000mm 1/16
印张：12.5
字数：238 千字
定价：98.00 元

版权所有·侵权必究
凡购买本社图书，如有印装质量问题，我社负责调换。
服务电话：010 - 59195115 010 - 59194918

主　　编　　关晓溪

参编人员　　隋常玲　谭　晖　吴凤玉　孙维红

　　　　　　胡　松　吴　芸　徐晓舒

前 言
FOREWORD

社会、经济、产业等各领域的巨大变革正在深刻影响着高等教育的发展，全面深入理解新农科建设的时代背景，对于把握新农科建设的内涵、方向、任务具有重要的现实意义。地方高校必须紧扣新时代国家战略需求，深化高等农林教育改革，强化实践教学环节，提高人才培养质量，加快发展新农科，以强农兴农为己任，培育知农爱农新型人才，为乡村振兴提供强有力的人才支撑。近年来，生命科学相关领域的研究快速发展，由此衍生了很多新理论和新技术，这与农学、医学、工学等相关专业的革新发展息息相关。生物化学既是生物科学、农学诸多专业课程体系中最核心、最重要的基础课程之一，也是其他生命科学专业领域的关键课程。生物化学实验是生物化学教学的重要组成部分，动手能力、综合分析能力和创新能力的培养主要依靠实验教学来完成，其实验方法和技术广泛应用于专业研究领域，故应重视生物化学实验教学，不断提高生物化学实验课程的教学质量。

生物化学实验课程作为高校生物科学、农学、食品科学和其他相关专业学生必修的一门重要专业基础课程，在训练学生的基本技能、培养学生动手能力和创新能力等方面发挥着重要的作用。本书以提高学生的综合素质、培养学生的创新精神与实践能力为目标，对生物化学实验内容进行凝练，在适配生物化学理论教学内容的基础上，使之难易适度，更具有操作性。生物化学实验内容涉猎广泛，包含的实验方法也很多；本书在充分考虑实际教学课时的基础上，合理筛选实验内容。在保留经典实验的前提下，增加创新性实验，以训练和强化学生的全面技能。本书共分为4个部分：基础生物化学实验基本知识、生物化学实验技术基本原理、生物化学基础实验和附录。第一章主要介绍实验室安全及防护知识、实验室基本操作和实验室常识。第二章主要介绍滴定技术、离心技术、光谱技术、层析技术、电泳技术、基因工程技术，以及蛋白质的分离、纯化和分析。第三章选编了34个具有代表性的基础性实验，通过学习使学生掌握相关基本知识、实验技术和分析方法，内容涵盖糖类、脂类、蛋白质、核酸、维生素等的定性实验和定量实验，强调对基本实验技能的培养，为综合性实验奠定基础。附录部分介绍了常用仪器的使用、化学试剂的分级及溶液配制、常用缓冲溶液的配制、常用酸碱指示剂、常用数据表、实验记录及实验报告。本书主要依托以下课题资助完成：贵州省高等学校教学内容和课程体系改革项目"基于新农科建设背景的地方高校实验教学改革研究——以《生物化学实验》为例"（2021266）、贵州省教育厅教育科学规划课题"地方高校应用型农科人才培养模式研究"（2017C001）。本书参考国内外学者的研究文献和著作，在书后仅能列举主要部分，在此一并表示由衷感谢。

本书适用于农学、生物科学、食品科学和其他相关专业学生学习使用。主编和编委集团队智慧进行了本书的编撰，以满足读者的需求。由于时间和能力水平有限，书中疏漏之处在所难免，敬请广大读者朋友批评指正。

编　者

2023年12月

目 录

CONTENTS

前言

第一章 基础生物化学实验基本知识

一、实验室安全及防护知识

（一）实验室安全

在生物化学实验中，经常要与有腐蚀性，易燃、易爆和毒性很强的化学药品及有潜在危害性的生物材料直接接触，经常要用到煤气、水、电。因此，安全操作是一个至关重要的问题。

（1）熟悉实验室水阀门及电闸所在位置。离开实验室时，一定要将室内检查一遍，应将水阀门和电闸关好。

（2）熟悉如何处理着火事故。在可燃液体燃烧时，应立即转移着火区内一切可燃物质。酒精及其他可溶于水的液体着火时，应用石棉网或沙土扑灭。

（3）了解化学物品的警告标志。

（4）实验操作过程中凡有烟雾、毒性或腐蚀性气体产生时，应在通风橱内进行，并保持室内空气流通。

（5）使用毒性物质和致癌物质，必须根据试剂瓶标签上的说明严格操作，安全称量、转移和保管。操作时应戴手套，必要时戴口罩或防毒面罩，并在通风橱中进行。接触过毒性物、致癌物的容器应单独清洗处理。

（6）进行遗传重组的实验室应根据有关规定加强生物安全的防范措施。

（7）使用电器设备（如烘箱、恒温水浴、离心机、电炉等）时，严防漏电。应该用试电笔检查电器设备是否漏电，凡是漏电的电器，一律不能使用。

（8）毒物应按实验室的规定办理审批手续后领取，使用时严格操作，用后妥善处理。

（二）实验室应急处理

在生物化学实验中，如不慎发生受伤事故，应立即采取适当的急救措施。

（1）如不慎被玻璃割伤或其他机械损伤，应先检查伤口中有无玻璃或金属等碎片，然后用硼酸水洗净，再涂擦碘酒消毒，必要时用纱布包扎。如伤口较大或过深，应迅速在伤口上部或下部扎紧血管止血，送医院诊治。

（2）轻度烫伤时，一般可涂上苦味酸软膏。如果伤处红痛（一级烧伤），可擦医用橄榄油；如皮肤起疱（二级烧伤），不要弄破水疱，防止感染；如烫伤皮肤呈现棕色或黑色（三级烧伤），应用干燥无菌的消毒纱布轻轻包扎，立即送医院诊治。

（3）皮肤不慎被强酸、溴、氯气等物质灼伤时，应先用大量自来水冲洗，然后再用5％的碳酸氢钠溶液冲洗。

（4）当酚试剂触及皮肤引起灼伤时，应先用大量自来水冲洗，再用酒精洗涤。

（5）酸、碱等化学物质溅入眼中，应先用自来水或蒸馏水冲洗眼睛，如溅入酸性物质，可用5％碳酸钠溶液仔细冲洗；如溅入碱性物质，可用2％硼酸溶液清洗，然后滴入1～2滴油性护眼液，起滋润保护作用。

（6）生物化学实验室内电器设备较多，如有人不慎触电，应立刻切断电源，在没有断开电源的情况下，千万不可徒手去拉触电者，应用木棍等绝缘物质使导电物质与触电者分开，然后对触电者实行抢救。

（三）实验室灭火法

实验过程中一旦发生火灾，切不可惊慌失措，应保持镇静。首先立即切断室内一切火源与电源，然后根据具体情况进行正确的抢救和灭火。常用的方法有：

（1）可燃液体燃烧时，应立即拿开着火区域的一切可燃物质，关闭通风器，防止扩大燃烧。若着火面积较小，可用抹布或湿布覆盖，隔绝空气使火熄灭。覆盖时动作要轻，避免碰坏或打翻盛有易燃溶剂的玻璃器皿，从而避免更多的液体流出而再着火。

（2）酒精及其他可溶于水的液体着火时，可用水灭火。

（3）汽油、乙醚、甲苯等有机溶剂着火时，应用石棉网或沙土灭火。绝对不能用水，否则会扩大燃烧面积。

（4）导线着火时，不能用水或二氧化碳灭火器，应切断电源或用四氧化碳灭火器。

（5）穿着的衣服烧着时切忌奔走，可用大衣或其他衣服等包裹身体或躺在地上滚动以灭火。

（6）发生火灾时，应注意保护现场，较大的着火事故应立即报火警。

二、实验室基本操作和实验室常识

（一）玻璃仪器的清洗

（1）新购买的玻璃仪器，首先用自来水洗去表面灰垢，然后用洗衣粉刷洗，自来水冲净后，浸泡在1％～2％盐酸中过夜以除去玻璃表面的碱性物质，最后用自来水冲洗干净，并用蒸馏水冲洗 2 次。

（2）对于使用过的玻璃仪器，应先用自来水冲洗，再用毛刷蘸取洗衣粉刷洗。用自来水充分冲洗后，再用蒸馏水冲洗 2 次。凡洗净的玻璃仪器壁上都不应带有水珠，否则表明尚未洗净，需重新洗涤。

（3）比较脏的仪器或不便刷洗的仪器，使用前应用流水冲洗，以除去黏附物。如果仪器上有凡士林或其他油污，应先用软纸擦除，再用有机溶剂擦净，最后用自来水冲洗。待仪器晾干后，放入铬酸洗液中浸泡过夜。取出后用自来水充分冲洗，再用蒸馏水冲洗 2 次。

（4）普通玻璃仪器可在烘箱内烘干，但定量的玻璃仪器（如吸管、滴定管、量筒、容量瓶等）不能加热，应晾干备用。另外，分光光度计中的比色杯的四壁是用特殊胶水黏合而成的，受热后会散架，所以也不能烘干。

（5）对疑有传染性的样品（如肝炎病人的血清），其盛装容器应先消毒再清洗。盛过剧毒药物或放射性同位素物质的容器，应先经过专门处理后再清洗。

一些常用的洗涤剂如下：

一是肥皂水或洗衣粉溶液。肥皂水或洗衣粉溶液是最常用的洗涤剂，主要利用其乳化作用除去污垢，一般玻璃仪器均可用其刷洗。

二是铬酸洗液（重铬酸钾-硫酸洗液）。铬酸洗液广泛用于玻璃仪器的洗涤，其清洁效力来自它的强氧化性（6 价铬）和强酸性。铬酸洗液具有强腐蚀性，使用时应注意安全。铬酸洗液可反复多次使用，如洗液由红棕色变为绿色或浓度过低则不宜再用。

三是 5%～10%乙二胺四乙酸二钠（EDTA - 2Na）溶液。加热煮沸，利用 EDTA 和金属离子的强配位效应，可去除玻璃器皿内部钙、镁盐类的白色沉淀和不易溶解的重金属盐类。

四是 45%尿素洗液。45%尿素洗液是蛋白质的良好溶剂，适用于洗涤盛蛋白质制剂及血样的容器。

五是乙醇-硝酸混合液。乙醇-硝酸混合液用于洗去一般方法难以洗净的有机物，适合于洗涤滴定管。

（二）搅拌和振荡

（1）配制溶液时，必须随时搅拌或振荡混合。配制完后，必须充分搅拌或振荡混合。

（2）搅拌所使用的玻璃搅拌棒，必须两头都烧圆滑。

（3）搅拌棒的粗细、长短，必须与容器的大小和配制溶液的多少成适当比例关系。不能用长而粗的搅拌棒去搅拌小离心管中的少量溶液。

（4）搅拌时，尽量使搅拌棒沿着器壁运动，不搅入空气，不使溶液飞溅。

（5）倾入液体时，必须沿器壁倾入，以免有大量空气混入。倾倒表面张力低的液体（如蛋白质液体）时，更需缓慢仔细。

（6）振荡混合液时，应沿着圆圈转动容器，不应上下振荡。

（7）振荡混合小离心管中的液体时，可将离心管握在手中，以手腕、肘或肩作轴来旋转离心管；也可由一只手持离心管上端，用另一只手弹动离心管；还可用一只手大拇指和食指持离心管的上端，用其余三个手指弹动离心管。手指持离心管的松紧要随着振动幅度大小而变化。此外，还可以把双手掌心相对合拢，夹住离心管，来回搓动。

（8）在用容量瓶混合液体时，应倒持容量瓶摇动，用食指或手心顶住瓶塞，并不时翻转容量瓶。

（9）在用分液漏斗振荡液体时，应用一只手在适当斜度下倒持漏斗，用食指或手心顶住瓶塞，并用另一只手控制漏斗的活塞。一边振荡，一边开动活塞，使气体可以随时由漏斗泄出。

（10）研磨配制胶体溶液时，要使杵棒沿着研钵的单方向进行，不要来回研磨。

（三）沉淀的过滤和洗涤

（1）过滤沉淀一般使用滤纸。

（2）应根据沉淀的性质选择不同的滤纸。胶状沉淀，应使用大孔径滤纸；颗粒结晶形成的沉淀应使用小孔径滤纸；滤纸越致密，过滤就越慢。

（3）滤纸的大小要由沉淀量来决定。沉淀量应装到滤纸高度的 1/3 左右，最多不应超过 1/2。通常使用直径 9～11 cm 的圆形滤纸。

（4）折叠滤纸应先整齐地对折，错开一点再对折，打开后形成一边一层、一边三层的圆锥体。折叠尖端时，不可过于用力，避免折出漏洞。放入漏斗中时，滤纸边缘应完全吻合。撕去三层一边的外面两层部分的尖端，使滤纸上缘能更好地贴在漏斗的壁上，不留缝隙。而下面部分则有空隙，以利于提高过滤速度。

（5）滤纸上缘一般应低于漏斗口上周 0.5～1 cm，湿润滤纸时，应用指尖轻压滤纸，赶净滤纸和漏斗间的气泡，使滤纸紧贴漏斗壁。同时，漏斗颈内必须充满液体，这样才可借液柱的重量而对待滤液体产生过滤作用。

（6）为了防止沉淀堵塞滤纸的孔洞，通常采用倾斜法过滤，即先小心地把液体倾入漏斗而不使沉淀流入，只在过滤的最后一步才把沉淀转移到漏斗上。

（7）过滤时，将玻璃棒直立在三层滤纸的中间部分，其下端接近但不能触及滤纸，并使盛器紧贴玻璃棒，使液体顺着玻璃棒缓慢流入漏斗。液体最多加到距滤纸上缘 3～4 mm 处，若液体过多，则沉淀会因滤纸的毛细作用而爬到漏斗壁上。

（8）在容器中洗涤沉淀一般采用倾注法。洗涤时，采用少量多次的方法最为有效。通常，容易洗涤的粗粒晶形沉淀洗 2～3 次，难洗涤的黏稠无定形沉淀则需洗 5～6 次。注意，每次都应尽量倾斜以提高洗涤效率，并防止沉淀流失。

（9）转移沉淀时，先向沉淀中加入滤纸一次所能容纳量的洗涤液，搅拌成为混悬液，不要等待沉淀下沉，立即按倾注清液的同样方式倾入漏斗。容器内剩余的沉淀可以用少量洗涤液按上述方式重复操作数次，直到全部转移到漏斗内。

（10）在漏斗内洗涤沉淀时，先将沉淀轻轻摊开在漏斗下部，再用滴管或洗瓶将洗涤液加到漏斗上缘稍下的地方，同时转动漏斗，使洗涤液沿着漏斗不断向下移动，直到洗涤液充满滤纸一半时立即停止。待漏斗中洗涤液完全漏出后，再进行第二次洗涤。通常，完全洗去沉淀所吸附的不挥发物质，需 8～10 次完成。确知沉淀已经洗净，需要进行必要的检验。必须注意，沉淀的过滤和洗涤工作一定要一次完成，不可间断。

（四）实验室常识

（1）进入实验室开始工作前，应了解煤气总阀门、水阀门及电闸所在处。离开实验室时，一定要将室内检查一遍，应将水、电、煤气的开关关好，门窗锁好。

（2）使用煤气灯时，应先将火柴点燃，一手执火柴紧靠灯口，一手慢开煤气阀门。不能先开煤气阀门，后点燃火柴。灯焰大小和火力强弱，应根据实验的需要来调节。用火时，应做到火着人在、人走火灭。

（3）使用电器设备（如烘箱、恒温水浴、离心机、电炉等）时，严防触电；绝不可用湿手开关电闸和电器开关，也不可在眼睛旁视时开关电闸和电器开关。应用试电笔检查电器设备是否漏电，凡是漏电的仪器，一律不能使用。

（4）使用浓酸、浓碱时，必须极为小心地操作，防止浓酸、浓碱溅出。用移液管量取这些试剂时，必须使用橡皮球，绝对不能用口吸取。若不慎溅在实验台上或地面上，必须及时用湿抹布擦洗干净。如果触及皮肤，应立即治疗。

（5）使用可燃物，特别是易燃物（如乙醚、丙酮、乙醇、苯、金属钠等）时，应特别小心。不要将其大量放在桌上，更不要将其靠近火焰处。只有在远离火源时，或将火焰熄灭后，才可大量倾倒易燃液体。低沸点的有机溶剂不准在火上直接加热，只能在水浴上加热或蒸馏。

（6）如果不慎倾出了相当量的易燃液体，应按以下方法处理：一是立即关闭室内所有的火源和电加热器。二是关门，开启小窗及窗户。三是用毛巾或抹布擦拭洒出的液体，并将液体拧到大的容器中，然后再倒入带塞的玻璃瓶中。

（7）用油浴时，应小心加热，随时用温度计监测温度，不要使温度超过油的燃烧温度。

（8）易燃物质和易爆炸物质的残渣（如金属钠、白磷、火柴头）不得倒入污物桶或水槽中，应收集在指定的容器内。

（9）废液（特别是强酸和强碱）不能直接倒在水槽中，应先将其稀释，然后再倒入水槽，最后用大量自来水冲洗水槽及下水道。

（10）毒物应按实验室的规定办理审批手续后领取，使用时严格操作，用后妥善处理。

第二章　生物化学实验技术基本原理

生物化学（biochemistry）是研究生物体内化学分子与化学反应、生物体分子结构与功能、物质代谢与调节以及遗传信息传递的分子基础与调控规律的科学，其前沿和内涵的发展主要依赖于生物化学与分子生物学实验技术的不断发展和完善。

1924年，瑞典著名的科学家T. Svedberg发明了第一台高速离心机，开创了生物化学物质离心分离的先河，并且他将其应用于高分散胶体物质的研究，因此获得了1926年诺贝尔化学奖。

1937年，瑞典生物化学家Tiselius发明了Tiselius电泳仪，建立了研究蛋白质的自由界面电泳方法，研究电泳和吸附分析血清蛋白的组成，并因此获得了1948年诺贝尔化学奖。随着电泳技术的不断发展，1969年，Weber应用十二烷基硫酸钠（SDS）-聚丙烯酰胺凝胶电泳技术测定了蛋白质的相对分子质量。

1952年，英国科学家Martin和Synge发明了分配色谱，他们因此共同获得1952年的诺贝尔化学奖。

1955年，英国科学家Sanger测定了牛胰岛素的全部氨基酸序列，确定胰岛素分子结构，开辟了人类认识蛋白质分子化学结构的道路。1965年9月17日，中国科学家人工合成了具有全部生物活力的结晶牛胰岛素，它是第一个在实验室中用人工方法合成的蛋白质，随后美国和德国的科学家也完成了类似的工作。

1985年，美国科学家Mullis等发明了具有划时代意义的聚合酶链式反应（polymerase chain reaction，PCR）的DNA扩增技术，在遗传领域研究中取得突破性成就，对于生物化学和分子生物学具有划时代的意义，因此Mullis获得了1993年的诺贝尔奖。

生物化学的发展离不开生物化学实验技术的发展，实验技术每一次的新发明都极大地推动了生物化学研究的进展。因此，学习和掌握各种生物化学实验原理与技术是极为重要的。

一、滴定技术

滴定分析法（或称容量分析法）是一种简便、快速和应用广泛的定量分析方法，在常量分析中有较高的准确度。将一种已知其准确浓度的试剂溶液（称为标准溶液）滴加到被测物质的溶液中，直到化学反应完全时为止，根据所用试剂溶液的浓度和体积可以求得被测组分的含量，这种方法称为滴定分析法。

通常将标准溶液通过滴定管滴加到被测物质溶液中的过程称为滴定。此时，滴加的标准溶液称为滴定剂，被滴定的试液称为滴定液。滴加的标准溶液与待测组分按一定的化学计量关系恰好定量反应完全的这一点称为化学计量点（简称 sp）。在滴定过程中，一般利用指示剂颜色变化的方法来判断化学计量点的到达，指示剂颜色发生突变而终止滴定的这一点称为滴定终点（简称 ep）。滴定终点与化学计量点不一定恰好吻合，由此造成的误差称为终点误差或滴定误差。

滴定误差主要包括称量误差、量器误差、方法误差。一般滴定误差应 $\leqslant \pm 0.2\%$。

（一）滴定分析法的分类

基于化学反应的类型不同，滴定分析法可分为酸碱滴定法、配位滴定法、氧化还原滴定法、沉淀滴定法四大类。

1. 酸碱滴定法　可用于测定酸、碱和两性物质，是一种利用酸碱反应进行容量分析的方法。可用于测定酸、碱和两性物质。其基本反应为：$H^+ + OH^- \Longrightarrow H_2O$

用酸作滴定剂可以测定碱，用碱作滴定剂可以测定酸，这是一种用途极为广泛的分析方法。最常用的酸标准溶液是盐酸，有时也用硝酸和硫酸。标定它们的基准物质通常是碳酸钠。酸碱滴定法在工业、农业生产和医药卫生等方面都有非常重要的意义。

2. 配位滴定法（络合滴定法）　它是以配位反应为基础的一种滴定分析法。应用最多的是以氨酸络合剂（如乙二胺四乙酸，简称 EDTA），借金属指示剂的变色或电学、光学方法以确定滴定终点，根据标准溶液的用量计算被测物质的含量。

若采用 EDTA 作配位剂，其反应为：$M^{n+} + Y^{4-} \Longrightarrow MY^{(n-4)}$

式中：

M^{n+}——金属离子；

Y^{4-}——EDTA 的阴离子。

3. 氧化还原滴定法　它是以氧化还原反应为基础的一种滴定分析法。可用于对具有氧化还原性质的物质或某些不具有氧化还原性质的物质进行测定，如重铬酸钾法测定铁，其反应为：$Cr_2O_7^{2-} + 6Fe^{2+} + 14H^+ = 2Cr^{3+} + 6Fe^{3+} + 7H_2O$

4. 沉淀滴定法　它是以沉淀生成反应为基础的一种滴定分析方法。可用于对 Ag^+、CN^-、SCN^- 及类卤素等离子进行测定，如银量法（是以硝酸银液为滴定液，测定能与 Ag^+ 反应生成难溶性沉淀的一种滴定分析法），其反应为：$Ag^+ + Cl^- = AgCl\downarrow$

（二）滴定分析法对化学反应的要求

滴定分析虽然能利用各种类型的反应，但不是所有反应都可以用于滴定分析。适用于滴定分析的化学反应必须具备下列条件：

（1）反应要按一定的化学反应式进行，即反应应具有确定的化学计量关系，不发生副反应。

（2）反应必须定量进行，通常要求反应完全程度≥99.9%。

（3）反应速度要快。对于速度较慢的反应，可以通过加热、增加反应物浓度、加入催化剂等措施来加快速度。

（4）有适当的方法确定滴定的终点。

（三）滴定分析法中的滴定方式

滴定分析法中常用 4 种滴定方式：

1. 直接滴定　凡能满足滴定分析要求的反应都可用适当的标准滴定溶液直接滴定被测物质。例如，用 NaOH 标准滴定溶液可直接滴定 HAc、HCl、H_2SO_4 等试样；用 $KMnO_4$ 标准滴定溶液可直接滴定 $C_2Or_4^{2-}$ 等；用 EDTA 标准滴定溶液可直接滴定 Ca^{2+}、Mg^{2+}、Zn^{2+} 等；用 $AgNO_3$ 标准滴定溶液可直接滴定 Cl^- 等。直接滴定是最常用和最基本的滴定方式，该方式简便、快速，引入的误差较少。当反应不能完全符合上述要求时或者被测物质不能与标准溶液直接起作用时，则可选择下述方式进行滴定。

2. 返滴定　返滴定又称回滴，是在待测试液中准确加入适当过量的标准溶液，使之与试液中的被测物质或固体试样进行反应，待反应完全后，再用另一种标准溶液返滴定剩余的第一种标准溶液，从而测定待测组分的含量。这种滴定方式主要用于滴定反应速度较慢（如 Al^{3+} 与 EDTA 的反应）或反应物是固体（如用 HCl 滴定 $CaCO_3$ 固体），加入符合计量关系的标准滴定溶液后，反应常常不能立即完成的情况等。例如，不能用 HCl 标准溶液直接滴定 $CaCO_3$ 固体，可先加入已知并过量的 HCl 标准溶液与 $CaCO_3$ 固体反应，反应后剩余的 HCl 用标准 NaOH 溶液返滴定。

3. 置换滴定　当待测组分所参与的反应不能定量进行时，则可采用置换滴定。置换滴定即先选用适当的试剂与待测组分反应，使其定量地置换出另一种物质，再用标准溶液滴定这种物质。例如，$Na_2S_2O_3$ 不能直接滴定 $K_2Cr_2O_7$

或其他强氧化剂，因为在酸性溶液中 $K_2Cr_2O_7$ 可将 $S_2O_3^{2-}$ 氧化为 $S_4O_6^{2-}$ 和 SO_4^{2-} 等混合物，反应没有定量关系。如果在 $K_2Cr_2O_7$ 的酸性溶液中加入过量的 KI，使 $K_2Cr_2O_7$ 还原并定量地生成 I_2，再以淀粉为指示剂，用 $Na_2S_2O_3$ 标准溶液滴定 I_2，从而测定 $K_2Cr_2O_7$。

4. 间接滴定 有些不能与滴定剂直接起反应的物质，可以通过另外的化学反应定量转化为可被滴定的物质，再用标准溶液进行滴定，即以间接滴定方式进行测定。例如，在溶液中 Ca^{2+} 没有可变价态，不能用氧化还原法直接滴定。但若先将 Ca^{2+} 沉淀为 CaC_2O_4，过滤洗净后，用 H_2SO_4 溶解 CaC_2O_4 沉淀，再用 $KMnO_4$ 标准溶液滴定溶液中的 $C_2O_4^{2-}$，从而可间接测定 Ca^{2+} 的含量。

（四）基准物质和标准溶液

1. 基准物质 滴定分析中离不开标准溶液，能用于直接配制或标定标准溶液的物质称为基准物质。基准物质应符合下列要求：

（1）纯度要足够高（质量分数在 99.9% 以上）。

（2）组成恒定。试剂的实际组成与它的化学式完全相符（包括结晶水）。

（3）性质稳定。不易吸收空气中的水分和 CO_2，不分解，不易被空气所氧化。

（4）有较大的摩尔质量，以降低称量时的相对误差。

（5）试剂参加滴定反应时，应严格按反应式定量进行，没有副反应。

常用的基准物质有 $KHC_8H_4O_4$（邻苯二甲酸氢钾）、$H_2C_2O_4 \cdot 2H_2O$、Na_2CO_3、$K_2Cr_2O_7$、NaCl、$CaCO_3$、金属锌等。基准物质在使用前必须以适宜方法进行干燥处理，并妥善保存。

2. 标准溶液的配制 标准溶液的配制方法有直接法和标定法两种。

（1）直接法。准确称取一定量基准物质，溶解后定量转入一定体积的容量瓶中定容，然后根据基准物质的质量和溶液的体积，计算出该标准溶液的准确浓度。例如，准确称取 4.903 9 g 基准物质 $K_2Cr_2O_7$，用水溶解后，置于 1 L 容量瓶中定容，即得 0.016 67 mol/L $K_2Cr_2O_7$ 标准溶液。

（2）标定法。标定法又称间接法。有很多试剂不符合基准物质的条件，如 HCl、NaOH、$KMnO_4$、I_2、$Na_2S_2O_3$ 等试剂，它们不适合用直接法配制成标准溶液，可采用标定法配制。其步骤：先配制成近似于所需浓度的溶液，然后用基准物质（或已经用基准物质标定过的标准溶液）通过滴定来确定它的准确浓度。例如，欲配制 0.1 mol/L 的 NaOH 标准溶液，可先配成近似浓度 0.1 mol/L 的 NaOH 溶液，然后用已知准确浓度的 HCl 标准溶液进行标定，便可求得 NaOH 标准溶液的准确浓度。这种方法的准确度不及直接用基准物质标定得好。

3. 标准溶液浓度的表示方法

（1）物质的量浓度。标准溶液的浓度常用物质的量浓度（简称浓度）c 来表示。物质 B 的量浓度 c_B 是指溶液中所含溶质 B 物质的量 n_B 除以溶液的体积 V。表达式如下：$c_B = \dfrac{n_B}{V}$

式中：

n ——溶液中所含溶质 B 物质的量（mol 或 mmol）；

V ——溶液的体积（L 或 mL）；

c_B ——物质 B 的量浓度（mol/L）；

c_B 也可用 c（B）表示。

（2）滴定度。在生产单位的例行分析中，为了简化计算，常用滴定度（T）表示标准溶液的浓度。滴定度是指每毫升滴定剂溶液相当于被测物质的质量（g 或 mg）或质量分数。一般来说，滴定剂写在括号内的右边，被测物写在括号内的左边，中间的斜线只表示"相当于"的意思，并不表示分数关系。例如，采用 K_2CrO_4 标准溶液滴定 Fe^{2+} 溶液，滴定度为（Fe/K_2CrO_4）0.005 585 g/mL，即表示每毫升 K_2CrO_4 溶液恰好能与 0.005 585 g Fe^{2+} 反应。如果在滴定中消耗该 K_2CrO_4 标准溶液 23.50 mL，则被滴定溶液中铁的质量为：

m（Fe）＝0.005 585 g/mL×23.50 mL＝0.131 25 g

二、离心技术

离心是用于分离、制备活体生物、细胞器、生物大分子以及小分子聚合物的常用实验技术。该技术在生物科学，尤其是在生物化学和分子生物学方面被广泛应用。其利用旋转运动的离心力以及物质的沉降系数或浮力密度的差异进行分离、浓缩和提纯。溶液中的生物样品在巨大的离心力作用下，因其颗粒质量、大小、形状或密度不等，从而以不同的沉降速度沉降，最终彼此分离。沉降速度除受待分离颗粒的影响外，还受离心机转速、离心机旋转半径及颗粒所在介质的黏度和密度的影响。

（一）离心力的计算

离心机的加速度通常以重力加速度（$g＝9.80$ m/s^2）的倍数来表示，称为相对离心力 RCF（或"g 值"）。RCF 取决于转子的转速 n（单位为 r/min）和旋转半径 r（单位为 cm），可用下式表示：

$$RCF = 1.119 \times 10^{-5} n^2 r$$

上式变形后，在已知 r 和 RCF 值时，可以用来计算转速：

$$n = 298.9 \sqrt{RCF/r}$$

一般情况下，转速在低速离心时常以"r/min"表示，在高速离心时则以"g"表示。计算颗粒的相对离心力时，应注意离心管与旋转轴中心的距离"r"不同，即沉降颗粒在离心管中所处位置不同，则所受离心力也不同。因此，在报告超离心条件时，通常总是用地心引力的倍数"×g"代替每分钟转数"r/min"，因为它可以真实地反映颗粒在离心管内不同位置的离心力及其动态变化。

（二）离心分离的方法

1. 差速沉降法 差速沉降法见图1。将细胞混合悬浮液以一定的相对离心力（RCF）离心一定的时间后，混合物将会被分为沉淀（P_1）和上清液（S_1）两部分。上清液 S_1 中含有不同大小颗粒的悬浮液，转移该上清液进行低速离心后，沉淀（P_2）主要由最大的颗粒组成；再次转移上清液（S_2）；进一步用高速离心，得到主要由中等大小颗粒组成的沉淀（P_3）；最后经高速离心把余下的小颗粒（P_4）沉淀下来。

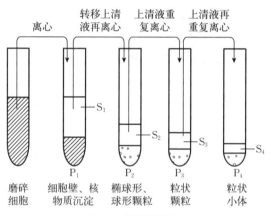

图 1　差速沉降法

差速沉降法主要用于分离细胞器和病毒，在各类分子生物学实验中，还被应用于基因组 DNA、质粒 DNA 以及 RNA 等遗传物质的初级分离。差速沉降法的优点：操作简单，离心后用倾倒法即可将上清液与沉淀分开，并可使用容量较大的角式转子。差速沉降法的缺点：①分离效果差，不能一次得到纯颗粒；②壁效应严重，特别是当颗粒很大或浓度很高时，在离心管一侧会出现沉淀；③颗粒会被挤压，离心力过大、离心时间过长会使颗粒变形、聚集而失活。这些效应在实验中往往会导致细胞器的破裂、基因组 DNA 的断裂等。所以，在应用差速沉降离心法分离时，必须严格控制离心的速度与时间，以期最大限度地防止负效应的产生。

进行差速沉降法离心首先要选择好颗粒沉降所需的离心力和离心时间。当以一定的离心力在一定的离心时间内进行离心时，在离心管底部就会得到最大和最重颗粒的沉淀，分出的上清液在加大转速下再进行离心，又得到第二部分较大、较重颗粒的沉淀及含较小、较轻颗粒的上清液，如此多次离心处理，即能把液体中的不同颗粒较好地分离开。此法所得的沉淀是不均一的，仍含有其他成分，需经过 2～3 次的再悬浮和再离心，才能得到较纯的颗粒。

2. 密度梯度离心法　密度梯度离心法简称区带离心法，是样品在一定惰性梯度介质中进行离心沉淀或沉降平衡，在一定的离心力下把颗粒分配到梯度中某些特定位置上，形成不同区带的分离方法。其原理是利用离心力使样品混合物中具有不同密度的组分沿着介质的梯度移动，最终停留在与其密度相等的介质区域。

密度梯度离心法的优点：①分离效果好，可一次获得较纯颗粒；②适用范围广，既能分离具有沉淀系数差的颗粒，又能分离有一定浮力密度的颗粒；③颗粒不会积压变形，能保持颗粒活性，并防止已形成的区带由于对流而引起混合。

密度梯度离心法的缺点：①离心时间较长；②需要制备梯度；③操作严格，不易掌握，且在离心完成后，样品往往需要用穿刺法吸出，操作较为复杂。

在生物化学实验中，密度梯度离心法主要用于分离那些由于密度或沉降系数相似从而用差速沉降法难以分离的物质。例如，同一组分中 DNA 与 RNA 的分离、同一组分中线性 DNA 与超螺旋 DNA 的分离。

下列方法使用了密度梯度，即离心试管中的溶液从管顶到管底密度逐渐增加。

（1）差速区带离心法。将样品置于平缓的预先制好密度梯度的介质上进行离心，较大的颗粒将比较小的颗粒更快地通过梯度介质沉降，形成几个明显的区带（条带）。这种方法有时间限制，在任一区带到达管底之前必须停止离心。差速区带离心法仅用于分离有一定沉降系数差的颗粒，与颗粒密度无关。大小相同、密度不同的颗粒（如溶酶体、线粒体和过氧化物酶体）不能用差速区带离心法分离。颗粒离开原样品层，按不同沉降速率沿管底沉降。离心一定时间后，沉降的颗粒逐渐分开，最后形成一系列界面清楚的不连续区带。沉降系数越大，往下沉降得越快，所呈现的区带也越低。沉降系数较小的颗粒，则在较上部分依次出现。从颗粒的沉降情况来看，离心必须在沉降最快的颗粒（即大颗粒）到达管底前或刚到达管底时结束，使颗粒处于不完全的沉降状态，从而出现在某一些特定的区带内。

在离心过程中，区带的位置和形式（或带宽）随时间而改变。因此，区带的宽度不仅取决于样品组分的数量、梯度的斜率、颗粒的扩散作用和均一性，也与离心时间有关。时间越长，区带越宽。适当增加离心力可缩减离心时间，并可减少扩散导致的区带加宽现象，增加区带界面的稳定性。

（2）等密度离心法。当不同颗粒存在浮力密度差时，在离心力场下，颗粒或向下沉降，或向上浮起，一直沿梯度移动到与它们密度恰好相等的位置上（即等密度点）形成区带，称为等密度离心法。等密度离心法的有效分离取决于颗粒的浮力密度差，与颗粒的大小和形状无关，即密度差越大，分离效果越好。颗粒的大小和形状决定着达到平衡的速度、时间和区带的宽度。颗粒的浮力密度不是恒定不变的，与其原有密度、水化程度及梯度溶质的通透性或溶质与颗粒的结合等因素有关，如某些颗粒容易发生水化使密度降低。

等密度离心法根据浮力密度［浮力密度是指通过用氯化铯等密度梯度离心法（平衡密度梯度法）所求的高分子物质的密度］的不同分离物质。其分辨率受颗粒性质（密度、均一性、含量）、梯度性质（形状、黏度、斜率）、转子类型、离心速率和时间的影响。颗粒区带宽度与梯度斜率、离心力、颗粒相对分子质量成正比。几种物质（如蔗糖、葡萄糖等）可通过离心法形成密度梯度。将样品与适合的介质混合后离心——各种颗粒在与其等密度的介质带处形成沉淀区带。这种方法要求介质梯度应有一定的陡度，要有足够的离心时间形成梯度颗粒的再分配，进一步离心对其不会有影响。

可以使用一根细的巴氏滴管或带有细长针头的注射器来收集某个密度梯度内的条带。此外，还可将试管刺穿，将内容物分段逐滴收集到几个管中。

3. 分析性超速离心 分析性超速离心主要是为了研究生物大分子的沉降特性和结构，而不是专门收集某一特定组分。因此，它使用了特殊的转子和检测手段，以便连续监视物质在一个离心场中的沉降过程。

（1）分析性超速离心机的工作原理。分析性超速离心机主要由一个椭圆形的转子、一套真空系统和一套光学系统所组成。转子在一个冷冻的真空腔中旋转，可容纳两个小室：分析室和配衡室。配衡室是一个经过精密加工的金属块，作为分析室的平衡用。分析室的容量一般为 1 mL，呈扇形排列在转子中，其工作原理与普通水平转子相同。分析室有上下两个平面的石英窗，离心机中装有的光学系统可保证在整个离心期间都能观察到小室中正在沉降的物质，可以通过对其紫外线的吸收（如对蛋白质和 DNA）或折射率的不同对沉降物进行监视。此种方法的原理：当光线通过一个具有不同密度区的透明液，在这些区带的界面上产生光的折射。在分析室中，物质沉降时重粒子和轻粒子之间形成的界面就像一个折射的透镜，会在检测系统的照相底板上产生一个"峰"。由于沉降不断进行，界面向前推进，故"峰"也在移动，根据峰移动的速度可以得到物质沉降速度的指标。分析性超速离心机示意见图 2。

（2）分析性超速离心的应用。一是测定沉降速度及测定大分子的沉降系数。超速离心在高速中进行，这个速度使得任意分布的粒子通过溶剂从旋转的

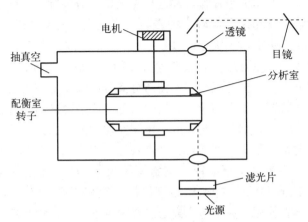

图 2　分析性超速离心机示意

中心辐射地向外移动，在清除了粒子的那部分溶剂和尚含有沉降物的那部分溶剂之间形成一个明显的界面，该界面随时间的移动而移动，这就是粒子沉降速度的一个指标，然后照相记录，即可求出粒子的沉降系数。

　　二是生物大分子的纯度估计。分析性超速离心已被广泛地应用于研究DNA 制剂，以及病毒和蛋白质的纯度。用沉降速度来分析沉降界面是测定制剂均质性的常用方法之一，出现单一清晰的界面一般认为是均质的，如有杂质则在照相底板主峰的一侧或两侧出现小峰。

　　三是分析生物大分子的构象变化。分析性超速离心已成功地用于检测大分子构象的变化。例如，DNA 可能以单股或双股出现，其中每一股在本质上可能是线性的，也可能是环状的，如果遇到某种因素（如温度或有机溶剂）的变化，DNA 分子可能发生一些构象上的变化，这些变化也许是可逆的，也许是不可逆的，这些构象上的变化可以通过检查样品在沉降速度上的差异来证实。

（三）离心机的类型

　　离心技术的实施离不开性能可靠的、符合实验要求的离心机。不同类型的离心机有着不同的应用。离心机按实际用途分类有分析用离心机、制备用离心机及分析-制备类离心机。按结构特点分类有管式离心机、吊篮式离心机、转鼓式离心机和碟式离心机等。按转速分类有常速离心机、高速离心机和超速离心机 3 种。当然，新型的离心机也在不断地研发出现。在实际科研中，常会根据转速选用离心机。常速离心机又称为低速离心机，其最大转速为 8 000 r/min，基础生物化学实验室使用的低速离心机的转速一般是 4 000 r/min。相对离心力（RCF）在 $10^4 g$ 以下，转子一般为角式和外摆式。离心机的离心速率不能够严格控制，多数在室温下操作。离心机主要用于分离细胞、细胞碎片、培养基残渣等固形物或者粗结晶等较大的颗粒。高速离心机是指转速为 $1 \times 10^4 \sim 2.5 \times 10^5$ r/min、相对离心力达 $1 \times 10^4 \sim 1 \times 10^5 g$ 范围的离心装置，转子类型为角式、外摆式等，主要用于分离各种沉淀物、细胞碎片和较大的细胞器等。为了防止高速离心过程中温度升高而使待分离样品物质变性失活，高速离心机常常装备有冷冻装置，所以高速离心机也被称为高速冷冻离心机。超速离心机的转速高达 $2.5 \times 10^4 \sim 1 \times 10^5$ r/min，其最大相对离心力达 $5 \times 10^5 g$，甚至更高一些，转子类型有角式、外摆式、区带式等，主要用于收集细胞器、病毒、核酸、蛋白质、多糖，甚至能用于鉴定分子大小相近的核酸同位素标记 ^{15} N - DNA 和未标记的 DNA。超速离心机的精密度相当高，为了防止样品液溅出，一般附有离心管帽。为了防止离心过程中温度升高，均装备有冷冻装置和温度控制系统。为了减少空气阻力和摩擦，超速离心机还装备有真空系统。此外，还有一系列安全保护系统、制动系统及各种指示仪表等。分析用超速离心机可用于测定物质的沉降系数、相对分子质量和检测样品纯度等。在检测样品纯度时，是在一定的转速下离心一段时间后，用光学仪器测出各种颗粒在离心管中的分布情况，通过紫外吸收率或折光率等判断其纯度。若只有一个吸收峰或只显示一个折光率改变，表明样品中只含一种组分，样品纯度很高。若有杂质存在，则显示含有两种或多种组分的图谱。使用过程中，转速与温度直接影响测定数据，所以必须严格控制转速和温度的偏差。超速离心机转速偏差一般控制在 $\pm 0.15\%$，温差控制在 $\pm 0.1 ℃$。

（四）转子

许多离心机可以配用不同大小的离心管，只需要改变转子或使用一个与不同的吊桶/适配器相配的转子。

1. 水平转子　盛样品的离心管放在吊桶内，以转子的加速度运转。水平转子用于低速离心机，其主要缺陷是延长了沉淀的路径。同时，减速过程中产生的对流会引起沉淀物的重新悬浮。

2. 角式转子　许多高速离心机及微量离心机安装有角式转子，由于沉降路径短，沉淀颗粒时角式转子比水平转子的效率更高。

3. 垂直管式转子　用于高速及超速离心机进行等密度梯度离心。这种转子在沉淀没有形成之前不能来收集悬浮液中的颗粒。

（五）离心管

离心管有各种大小（1.5～1 000 mL），所用材料也不一样，下面是选择离心管时应考虑的一些性能：

1. 大小　离心管大小由样品的体积决定。注意在有些应用中（如高速离心）离心管必须装满。

2. 形状　收集沉淀时，用圆锥形管底的离心管较好，进行密度梯度离心时，常用圆底离心管。

3. 最大离心力　最大离心力的详细信息由厂家提供。在进行分子生物学实验中尤其要注意离心管的最大离心力，以免在高速离心时离心管破裂从而造成实验失败。

4. 耐腐蚀性　玻璃离心管是惰性物质，聚碳酸酯离心管对有机溶剂（如乙醇、丙酮）敏感，而聚丙烯离心管具有更好的耐腐蚀性。详细信息可参考厂家的说明书。

5. 灭菌　一次性塑料离心管出厂时通常是消过毒的。玻璃离心管及聚丙烯离心管可重复灭菌使用。多次高压灭菌可能会导致聚碳酸酯离心管崩裂或变形。

6. 透明度　玻璃离心管和聚碳酸酯离心管是透明的，而聚丙烯离心管是半透明的。

7. 能否刺穿　通常聚丙烯离心管易于用注射管针头刺穿，如需用刺穿管壁的方法收集样品时，可用聚丙烯离心管。

8. 密封性　离心管一般利用管帽保持系统的密封性。大多数角式转子及垂直管式转子要求离心管有管帽，用以防止使用过程中样品漏出，并可在离心过程中支撑离心管，防止其离心时变形。对于放射性样品，即使是低速离心也一定要盖管帽，并且要使用与所用离心管配套的管帽。

（六）平衡转子

为确保离心机的安全运转，使用时必须平衡转子，否则转轴及转子组件可能会损坏，严重时转子可能会停转，造成事故。当离心转速达 5×10^4 r/min 时，若对称管相差 1 g，转头半径为 5 cm，则根据离心力公式：$F = m \times RCF$，离心机两边产生的不平衡将达到 1 470 N。使用前，平衡离心管至关重要，通常的原则是用托盘天平平衡所有样品管，差值控制在 1％ 以内或更少。把平衡好的试管成对放在相对位置上。绝不可以用目测来平衡离心管。

在差速离心实验中向离心管中添加样品时，样品的容量不得超过离心管容量的 2/3。这是为了防止离心管内的液体在高速离心过程中产生外溢，从而避免离心系统失去平衡并产生污染。

（七）安全措施

高速离心机、超速离心机是生物化学实验教学和生物化学科研的重要精密设备，因其转速高，产生的离心力大，使用不当或缺乏定期的检修和保养都可能发生严重事故。因此，使用离心机时，必须严格遵守操作规程。

（1）使用离心机时，必须事先在天平上精密地平衡离心管和其内容物，平衡时质量之差不得超过各个离心机说明书上所规定的范围，离心机不同的转头有各自的允许差值，转头中绝对不能装载单数的离心管，当转头只是部分装载时，离心管必须互相对称地放在转头中，以便使负载均匀地分布在转头的周围。

（2）装载溶液时，要根据离心机的具体操作说明进行，根据待离心液体的性质及体积选用适合的离心管。有的离心管无盖，液体不能装得太多，以防离心时被甩出，造成转头不平衡、生锈或被腐蚀，而用于超速离心机的离心管，则常常要求必须将液体装满，以免离心时塑料离心管的上部凹陷变形。每次使用后，必须仔细检查转头，及时清洗、擦干。转头是离心机中需重点保护的部件，搬动时要小心，不能碰撞，避免造成伤害。转头长时间不用时，要涂上一层上光蜡保护，严禁使用显著变形、损伤或老化的离心管。

（3）在低于室温的温度下离心时，转头在使用前应放置在冰箱或置于离心机的转头室内预冷。

（4）离心过程中不得随意离开，应随时观察离心机上的仪表是否正常工作，如有异常声音应立即停机检查，及时排除故障。

（5）如果在离心中出现由诸如离心管破裂等原因导致的不平衡现象，必须首先关闭离心机的开关，使离心机停止转动，等待转子完全停止后方可取出样品。切忌在离心机尚在工作时切断电源，离心机尚在工作时切断电源将导致离心机瞬间停转，可能会导致严重的事故。

（6）每个转头均有其最高允许转速和最高使用累计限时，使用转头时要查阅说明书，不得过速使用。每一个转头都应有一份使用档案，记录累积的使用时间。若超过了该转头的最高使用累计限时，则须按规定降速使用。

三、光谱技术

（一）紫外-可见吸收光谱

紫外吸收光谱和可见吸收光谱都属于分子光谱，它们都是由于价电子的跃迁而产生的。紫外-可见吸收光谱法是一种只在紫外光及可见光光谱应用范围内测量物质吸收辐射线的方法，其应用十分广泛，不仅可进行定量分析，还可利用吸收峰的特性进行定性分析和简单的结构分析，测定一些平衡常数、配合物配位比等，也可用于无机化合物和有机化合物的分析，对于常量、微量、多组分都可测定。

在有机化合物分子中，有形成单键的 σ 电子、有形成双键的 π 电子、有未成键的孤对 n 电子。当分子吸收一定能量的辐射能时，这些电子就会跃迁到较高的能级，此时电子所占的轨道称为反键轨道，这种电子跃迁同有机化合物分子的内部结构有密切的关系。在紫外-可见吸收光谱中，电子的跃迁有 $\sigma \rightarrow \sigma^*$、$n \rightarrow \sigma^*$、$\pi \rightarrow \pi^*$ 和 $n \rightarrow \pi^*$ 4 种类型，各种跃迁类型所需要的能量依下列次序逐渐减小：$\sigma \rightarrow \sigma^* > n \rightarrow \sigma^* > \pi \rightarrow \pi^* > n \rightarrow \pi^*$。分子中能吸收紫外光或可见光的不饱和基团及其相关的化学键，称为发色团或生色团，如 $C=C$、$C=O$、$C\equiv C$ 都是发色团。发色团的结构不同，电子跃迁类型也不同。一般有 $\pi \rightarrow \pi^*$ 或 $n \rightarrow \pi^*$ 跃迁。常见生色团的吸收光谱见表1。

表1 常见生色团的吸收光谱

生色团	溶剂	$\lambda_{max}(nm)$	$\varepsilon_{max}[L/(mol \cdot cm)]$	电子跃迁类型
烯键	正庚烷	177	13 000	$\pi \rightarrow \pi^*$
炔键	正庚烷	178	10 000	$\pi \rightarrow \pi^*$
羰基	正己烷	186	1 000	$n \rightarrow \pi^*$
羧基	乙醇	204	41	$n \rightarrow \pi^*$
酰胺	水	214	60	$n \rightarrow \pi^*$
偶氮基	乙醇	339	5	$n \rightarrow \pi^*$
硝基	异辛烷	280	22	$n \rightarrow \pi^*$
亚硝基	乙醚	300	100	$n \rightarrow \pi^*$
硝酸酯	二氧六环	270	12	$n \rightarrow \pi^*$

有些原子或基团，本身不能吸收波长大于 200 nm 的光波，但它与一定的发色团相连时，则可使发色团所产生的吸收峰向长波长方向移动，并使吸收强度增加，这样的原子或基团称为助色团，一般指带有非键电子对的基团，如 —OH、—OR、—NHR、—SH、—Cl、—Br、—I 等。

利用物质的分子或离子对紫外光和可见光的吸收所产生的紫外-可见吸收光谱及吸收程度可以对物质的组成、含量和结构进行分析、测定、推断。分光光度计可用于精确测量特定波长的吸收值，其原理是利用滤光片来测量较宽波段（如可见光中的绿光、红光或蓝光范围）的吸收值。

1. 分光光度计 分光光度计是一种靠光栅或棱镜提供单色光的比色计。各种型号的分光光度计基本上都由以下5个部分组成：①光源；②单色器（包括产生平行光和把光引向检测器的光学系统）；③吸收池；④接收检测放大系统；⑤显示器或记录器。

分光光度计的工作原理与光电比色计相似，但它的单色器所选择的波长范围比滤光片要小得多，为 3～5 nm，因此是较单纯的单色光。此外，分光光度计不仅能在可见光区域内测定有色物质的吸收光谱，而且能在紫外区及红外区域测定无色物质的吸收光谱。

分光光度计常用的光源有两种，即钨灯和氘灯。在可见光区、近紫外光区和近红外光区常用钨灯。在紫外光区，多使用氘灯。通常用紫外光源测定无色物质的方法，称为紫外分光光度法；用可见光光源测定有色物质的方法，称为可见光光度法。

分光光度法是利用物质所特有的吸收光谱来鉴别物质或测定其含量的一种方法。在分光光度计中，将不同波长的光连续地照射到一定浓度的样品溶液，并测定物质对各种波长光的吸收程度（吸光度 A 或光密度 OD）或透射程度（透光度 T），以波长 λ 作为横坐标，以 A 或 T 作为纵坐标，画出连续的 A-λ 曲线或 T-λ 曲线，即为该物质的吸收光谱曲线（图 3）。

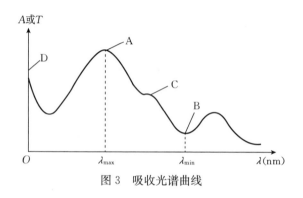

图 3　吸收光谱曲线

由图 3 可以看出吸收光谱的特征：

（1）曲线上 A 处称为最大吸收峰，它所对应的波长称为最大吸收波长，以 λ_{max} 表示。

（2）曲线上 B 处称为最小吸收峰，它所对应的波长称为最小吸收波长，以 λ_{min} 表示。

（3）曲线上在最大吸收峰旁边有一小峰 C，称为肩峰。

（4）在吸收曲线波长最短的一端，即曲线上 D 处，吸收相当强，但不成峰，此处称为末端吸收。

λ_{max} 是化合物中电子能级跃迁时吸收的特征波长，不同物质有不同的最大吸收峰，λ_{max} 是鉴定化合物的重要依据。物质的性质决定了 λ_{max}、λ_{min} 的峰值以及整个吸收光谱的形状，其吸收光谱随物质的结构而异，是物质定性的依据。

在分光比色分析中，吸收光谱的实验测定基于两个重要的原理：Lambert 定律和 Beer 定律。Lambert 定律规定，被介质所吸收的入射光比例与入射光的起始强度 I_0 无关。这条定律对于通常的光源（如灯泡）来说，能得到很好的近似，但并不适用于高强度的激光。Beer 定律规定：被吸收的光子数与光路中吸收分子的浓度成正比。但在分子处于较高浓度并开始有聚集态生成的情况下，这条定律并不能得到很好的解释。朗伯-比尔（Lambert-Beer）定律是利用分光光度计进行比色分析的基本原理，其数学表达式如下：

$$A = -\lg \frac{I}{I_0} = \varepsilon c L$$

式中：

A ——吸光度；

I ——透过光强度；

I_0 ——入射光强度；

ε ——摩尔吸光系数 [L/(mol·cm)]；

c ——溶液浓度（mol/L）；

L ——溶液厚度（cm）。

若遵循朗伯-比尔定律，且 L 为一常数，用光吸收度对浓度绘图可得一通过原点的直线。根据朗伯-比尔定律，做出标准物质吸收对浓度的标准曲线，借助这样的标准曲线，很容易通过测定其光吸收得知一未知溶液的浓度。

2. 分光光度计的定量分析 假如已知一种物质在某一波长下的吸光率（通常是该物质的最大吸收值，这时灵敏度最高），这种物质纯溶液的浓度可用朗伯-比尔关系式算出。摩尔吸光系数是指物质在 1 mol/L 的浓度下、比色皿厚度为 1 cm 时的吸收值。该值可以从光谱数据表中查到，也可以用实验方法通过测量一系列已知浓度的物质的吸收值来绘制一条标准曲线查得。这样，在所要求的浓度范围内，便可确定吸收值与浓度之间存在的线性关系，该直线的斜率即为摩尔吸光系数。

比吸光率是指物质溶液浓度为 10 g/L、比色皿厚度为 1 cm 时测定的吸光度值。该值对于未知分子质量的物质（如蛋白质、核酸）的测定很有用，这种情况下溶液中物质的含量以其质量表示而不用物质的量浓度表示。使用公式 $-\lg \frac{I}{I_0} = \varepsilon c L$ 时，比吸光率要除以 10 才可以得到一个以 g/L 为单位的浓度值。

通过比吸光率测定物质溶液浓度的方法不能用于测定混合样品。但是对于混合样品，可以通过测量几个波长下的吸光度来估算每种成分的含量，如可用此方法在核酸存在条件下进行蛋白质含量的估算。

3. 分光光度计使用过程中的几个问题

（1）比色皿的使用和清洗。大多数紫外-可见光分光光度计使用的比色皿的光穿过路径为 10 mm。由于 300 nm 以下的光不能透过玻璃，紫外区测量要用石英比色皿。比色皿必须配套，以装有纯溶剂的两个比色皿在相同波长下测定光吸收是否一致来进行配对。

进行测量之前，比色皿要洗干净，无划痕，外表面干燥，盛装液体到适当高度，并放在比色槽中的正确位置。每次使用后，应立即倒空，然后用蒸馏水冲洗比色皿3~4次，最后用乙醇冲洗，在倒去乙醇后，以洁净空气吹干比色皿。生物样品中蛋白质和核酸可能会在比色皿的内表面沉积，因而要用棉球沾上丙酮擦去比色皿内的沉淀，或用1 mol/L硝酸浸泡比色皿过夜。

（2）狭缝宽度。分光光度计使用了一个衍射光栅将光源的复色光转换为单色平行光束。实际上，从这种单色仪器中产生的光不是某个波长的光，而是一段窄的带宽上的光，带宽是分光光度计的一个重要特性。要获得特定波长下的精确数据，尽可能使用最小的狭缝宽度。然而，减少了狭缝宽度也会减少到达监测器的光度，降低了信噪比。狭缝宽度可减少的程度取决于检测/放大系统的灵敏度、稳定性及离散光的存在。

（3）测量波长。正确选择波长是测定的关键，一般选择最强吸收带的最大吸收波长为测量波长。

（4）吸光度范围。吸光度在0.2~0.7时，测量精确度最好。被测样品溶液浓度过高时，应先适当稀释，再进行吸光度测定。

（5）选取溶剂要注意以下几点：

① 当光的波长减少到一定数值时，溶剂会对其产生强烈的吸收，即所谓"端吸收"，样品的吸收带应处于溶剂的透明范围。

② 要注意溶剂的挥发性、稳定性等。

③ 充分考虑溶质和溶剂分子之间的作用力，尽量采用低极性溶剂。

（二）荧光光谱

物体经过较短波长的光照，把能量储存起来，然后缓慢放出较长波长的光，放出的这种光称为荧光。荧光是一种光致发光现象。物质所吸收光的波长和发射的荧光波长与物质的分子结构有密切关系。同一种分子结构的物质，用同一波长的激发光照射，可发射相同波长的荧光，但其所发射的荧光强度随着该物质浓度的增大而增大。利用这些性质对物质进行定性和定量分析的方法，称为荧光光谱分析法，也称荧光分光光度法。与分光光度法相比较，这种方法具有较高的选择性及灵敏度，试样量少，操作简单，且能提供比较多的物理参数，现已成为生物化学分析和研究的常用手段。

1. 荧光分光光度计　用于测量荧光的仪器种类很多，如荧光分析灯、荧光分光光度计及测量荧光偏振的装置等。其中，实验室里常用的是荧光分光光度计。

荧光分光光度计的结构包括以下5个基本部分：

（1）激光光源。激光光源用来激发样品中荧光分子产生荧光。常用激光光源有汞弧灯、氢弧灯及氙灯等。目前，荧光分光光度计激光光源以用氙灯为多。

（2）单色器。单色器用来分离出所需要的单色光。荧光分光光度计中具有两个单色器：一是激发单色器，用于选择激发光波长；二是发射单色器，用于选择发射到检测器上的荧光波长。

（3）样品池。样品池用于放置测试样品，由石英制成。

（4）检测器。检测器的作用是接收光信号，并将其转变为电信号。

（5）记录显示系统。检测器出来的电信号经过放大器放大后，由记录仪记录下来，并可数字显示和打印。

2. 荧光光谱分析法　荧光光谱分析有定性分析和定量分析两种，一般定性分析采用直接比较法，即将被测样品和已知标准样品在同样条件下，根据它们所发出荧光的性质、颜色、强度等来鉴定它们是否属于同一种荧光物质。荧光物质特性的光谱包括激发光谱和荧光光谱两种。在分光光度法检测中，被测物质只有一种特征的吸收光谱，而荧光分析法能测出两种特征光谱。因此，荧光光谱分析法鉴定物质的可靠性较强。

荧光光谱分析的定量分析方法较多，可分为直接测定法和间接测定法两类。

（1）直接测定法。利用荧光光谱分析法对被分析物质进行浓度测定，最简单的是直接测定法。某些物质本身能发荧光，只需将含这类物质的样品做适当的前处理或分离除去干扰物质，即可通过测量它的荧光强度来测定其浓度。具体方法有以下两种：

① 直接比较法。通过标准溶液的荧光强度 F_1、已知标准溶液的浓度 c_1，便可求得样品中待测荧光物质的含量。

② 标准曲线法。将已知含量的标准品经过与样品同样的处理后，配成一系列标准溶液，测定其荧光强度，以荧光强度对荧光物质含量绘制标准曲线，再测定样品溶液的荧光强度，由标准曲线便可求出样品中待测荧光物质的含量。

为了使各次所绘制的标准曲线能重合一致，每次应以同一标准溶液对仪器进行校正。如果该溶液在紫外光照射下不够稳定，则必须改用另一种稳定而荧光峰相近的标准溶液来进行校正。例如，测定维生素 B_1 时，可用硫酸奎宁溶液作为基准来校正仪器；测定维生素 B_2 时，可用荧光素钠溶液作为基准来校正仪器。

（2）间接测定法。许多物质本身不能发荧光，或者荧光量子产率很低，仅能显现非常微弱的荧光，无法直接测定，这时可采用间接测定方法。

间接测定方法有以下几种：

① 化学转化法。通过化学反应将非荧光物质转变为适合于测定的荧光物质。例如，金属离子与螯合剂反应生成具有荧光的螯合物。有机化合物可通过光化学反应、降解、氧化还原、偶联、缩合或酶促反应，使它们转化为荧光

物质。

② 荧光淬灭法。这种方法是利用本身不发荧光的被分析物质所具有使某种荧光化合物的荧光淬灭的能力，通过测量荧光化合物荧光强度的下降，间接地测定该物质的浓度。

③ 敏化发光法。对于很低浓度的分析物质，如果采用一般的荧光测定方法，其荧光信号太微弱而无法检测。在此种情况下，可使用一种物质（敏化剂）吸收激发光，然后将激发光能传递给发荧光的分析物质，从而提高被分析物质测定的灵敏度。

以上 3 种方法均为相对测定方法，实验时须采用某种标准进行比较。

3. 影响荧光强度的因素

（1）溶剂。溶剂能影响荧光效率，改变荧光强度。因此，在测定时必须用同一溶剂。

（2）浓度。在较高浓度的溶液中，荧光强度并不随溶液浓度呈正比例增长。因此，必须找出与荧光强度呈线性的浓度范围。

（3）pH。荧光物质在溶液中绝大多数以离子状态存在，而发射荧光最有利的条件就是它们的离子状态，因为在离子状态下，由于离子间的斥力，最大限度地避免了分子之间的相互作用。当荧光物质本身是弱酸或弱碱时，溶液的 pH 对该荧光物质的荧光强度有较大的影响。这主要因为弱酸、弱碱与它们的离子结构有所不同，在不同酸度中，分子和离子间的平衡改变，因此荧光强度也有差异。

（4）温度。荧光强度一般随温度升高而下降，这主要是由于分子内部能量转化的缘故。因为温度升高，分子的振动加强，通过分子间的碰撞将吸收的能量转移给了其他分子，干扰了激发态的维持，从而使荧光强度下降，甚至熄灭。因此，有些荧光仪的液槽配有低温装置，使荧光强度增大，以提高测定的灵敏度。在高级的荧光仪中，液槽四周有冷凝水并附有恒温装置，以便使溶液的温度在测定过程中尽可能保持恒定。

（5）时间。有些荧光化合物需要一定时间才能形成，有些荧光物质在激发光较长时间的照射下会发生光分解。因此，过早或过晚测定荧光强度均会带来误差。必须通过条件试验确定最适宜的测定时间，使荧光强度达到最大且稳定。为了避免光分解所引起的误差，应在荧光测定的短时间内才打开光闸，其余时间均应关闭。

（6）共存干扰物质。有些干扰物质能与荧光分子作用使荧光强度显著下降，这种现象称为荧光的淬灭；有些共存物质能产生荧光或产生散射光，也会影响荧光的正确测量。因此，应设法除去干扰物，并使用纯度较高的溶剂和试剂。

四、层析技术

层析技术是利用不同物质理化性质的差异而建立起来的技术。所有的层析系统都由两相组成：一是固定相，二是流动相。当待分离的混合物随溶液（流动相）通过固定相时，各组分由于理化性质存在差异，与两相发生相互作用（吸附、溶解、结合等）的能力不同，在两相中的分配（含量对比）不同，而且随着溶液向前移动，各组分不断地在两相中进行再分配。与固定相相互作用力越弱的组分，随流动相移动时受到的阻滞作用越小，向前移动的速度越快；反之，与固定相相互作用越强的组分，向前移动速度越慢。分步收集流出液，可得到样品中所含的各组分，从而达到将各组分分离的目的。

层析系统的必要组成有：

（1）固定相。固定相是层析的一个基质。它可以是固体物质（如吸附剂、凝胶、离子交换剂等），也可以是液体物质（如固定在硅胶或纤维素上的溶液），这些基质能与待分离的化合物进行可逆的吸附、溶解、交换等作用。它对层析效果起着关键的作用。

（2）层析床。把固定相填入一个玻璃柱或金属柱中，或者薄薄涂布一层于玻璃上或塑料片上或者吸附在醋酸纤维纸上，进而形成层析床。

（3）流动相。在层析过程中，推动固定相上待分离的物质朝着一个方向移动的液体、气体或超临界体等，称为流动相。柱层析中一般称其为洗脱剂，薄层层析时称其为展层剂。流动相是层析分离中的重要影响因素之一。起溶剂作用的液体或气体，用于协助样品平铺在固定相表面并将样品从层析床中洗脱下来。

（4）运送系统。运送系统用来促使流动相通过层析床。

（5）检测系统。检测系统用于检测试管中的物质。

（一）层析的概念

1. 分配系数及迁移率　分配系数（或平衡系数）是指在一定的条件下，某种组分在固定相和流动相中的浓度（含量）的比值，常用 K 来表示。分配系数是层析分离纯化物质的主要依据。

$$K = \frac{c_s}{c_m}$$

式中：

c_s——组分在固定相中的浓度；

c_m——组分在流动相中的浓度。

迁移率（或比移值）是指在一定条件下，在相同时间内某一组分在固定相中移动的距离与流动相本身移动的距离之比值。常用 R_t 来表示。

实验中还常用相对迁移率的概念。相对迁移率是指在一定条件下，在相同时间内，某一组分在固定相中移动的距离与某一标准物质在固定相中移动的距离的比值。它可以小于或等于 1，也可以大于 1，通常用 R_f 来表示。不同物质的分配系数和迁移率是不同的。分配系数和迁移率的差异是决定几种物质采用层析方法能否分离的先决条件。很显然，差异越大，分离效果越理想。

分配系数主要与下列因素有关：①被分离物质本身的性质；②固定相与流动相的性质；③层析柱的温度。分配系数与温度的关系如下：

$$\ln K = -\left(\frac{\Delta G^{\theta}}{RT}\right)$$

式中：

K ——分配系数（或平衡系数）；

ΔG^{θ} ——标准自由能变化；

R ——气体常数；

T ——绝对温度。

上式是层析分离的热力学基础。一般情况下，层析时组分的 ΔG^{θ} 为负值，则温度与分配系数成反比关系。通常温度上升 20℃，K 值下降一半，将导致组分移动速率增加，这也是在层析时最好采用恒温柱的原因。有时对于 K 值相近的不同物质，可通过改变温度的方法，增大 K 值之间的差异，达到分离的目的。

2. 分辨率 分辨率表示相邻两个峰的分开程度，定义为相邻两峰保留值之差与两峰宽之和的一半的比值，通常用 R_s 来表示。

$$R_s = \frac{V_{R_1} - V_{R_2}}{\frac{W_1 + W_2}{2}} = \frac{2Y}{W_1 + W_2}$$

式中：

V_{R_1} ——组分 1 从进样点到对应洗脱峰值之间的洗脱液的总体积；

V_{R_2} ——组分 2 从进样点到对应洗脱峰值之间的洗脱液的总体积；

W_1 ——组分 1 的洗脱峰宽度；

W_2 ——组分 2 的洗脱峰宽度；

Y ——组分 1 和组分 2 洗脱峰值处洗脱液的总体积差值。

由上式可见，R_s 值越大，两种组分分离越好。当 $R_s = 1$ 时，两组分具有很好的分离，互相沾染 2%，即每种组分的纯度约为 98%。当 $R_s = 1.5$ 时，两组分基本完全分开，每种组分的纯度可达到 99.8%。当两组成分的浓度相差较大时，尤其要求有较高的分辨率。

对于一个层析柱来说，可做如下基本假设：

一是层析柱的内径和柱内的填料是均匀的，而且层析柱由若干层组成。每层高度为 H，称为一个理论塔板。塔板一部分被固定相占据，一部分被流动相占据。各塔板的流动相体积称为板体积，以 V_m 表示。

二是每个塔板内溶质分子在固定相与流动相之间瞬间达到平衡，且忽略分子的纵向扩散。

三是溶质在各塔板之上的分配系数是一个常数，与溶质在塔板的量无关。

四是流动相通过层析柱可以看成是脉冲式的间歇过程（即不连续过程）。从一个塔板到另一个塔板流动体积为 V。当流过层析柱的流动相的体积为 V 时，则流动相在每个塔板上跳跃的次数（n）为：

$$n = \frac{V}{V_m}$$

五是溶质开始加在层析柱的第零塔板上。

为了提高分辨率 R_s 的值，可采用以下方法：

（1）使理论塔板数 N 增大，则 R_s 上升。

① 增加柱长，N 可增大，可提高分离度。但它造成分离的时间加长，洗脱液体积增大，并使洗脱峰加宽，因此不是一种特别好的方法。

② 减小理论塔板的高度，如减小固定相颗粒的尺寸，并加大流动相的压力。高效液相色谱（HPLC）就是这一理论的实际应用。一般液相层析的固定颗粒直径为 $100\ \mu m$，而 HPLC 柱子的固定相颗粒为 $10\ \mu m$ 以下，且压力可达 $14\ 700\ kPa$，它使 R_s 大大提高，也使分离的效率大大提高了。

③ 采用适当的流速，也可使理论塔板的高度降低，增大理论塔板数。太大或者太小的流速都是不可取的。对于一个层析柱，它有一个最佳的流速。特别是对于气相色谱柱，流速对其影响相当大。

（2）改变容量因子 D（固定相与流动相中溶质量的分布比）。一般是加大 D，但 D 的数值通常不超过 10，D 再增大对于提高 R_s 不明显，反而使洗脱的时间延长，谱带加宽。一般 D 限制范围为 $1 < D < 10$，最佳范围为 $1.5 \sim 5$。可以通过改变柱温（一般降低温度）来改变流动相的性质及组成（如改变 pH、离子强度、盐浓度、有机溶剂比例等），或改变固定相体积与流动相体积的比值（如用细颗粒作为固定相，填充得紧密、均匀），提高 D 值，使分离度增大。

增大 α（分离因子，也称选择性因子，是两组分容量因子之比），使 R_s 变大。实际上，使 α 增大，就是使两种组分的分配系数差值增大。同样，可以通过改变固定相的性质、组成，改变流动相的性质、组成，或者改变层析的温度，使 α 发生改变。应当指出的是，温度对分辨率的影响，是对分离因子与理论塔板高度的综合效应。因为温度升高，理论塔板高度有时会降低，有时会升高，这要根据实际情况去选择。通常，α 的变化对 R_s 影响最明显。

总之，影响分离度或者说分离效率的因素是多方面的。应当根据实际情况综合考虑，特别是对于生物大分子，还必须考虑其稳定性、活性等问题，如 pH、温度等都会对其产生较大的影响，这是生物化学分离绝不能忽视的。否则，将不能得到预期的效果。

3. 正相色谱与反相色谱　正相色谱是指固定相极性高于流动相极性的色谱。正相色谱层析过程中，非极性分子或极性小的分子比极性大的分子移动速度快，因而先从柱中流出来。

反相色谱是指固定相极性低于流动相极性的色谱。反相色谱层析过程中，极性大的分子比极性小的分子移动速度快，因而先从柱中流出来。

一般来说，分离纯化极性大的分子（带电离子等）采用正相色谱（或正相柱），而分离纯化极性小的有机分子（有机酸、醇、酚等）多采用反相色谱（或反相柱）。

4. 操作容量　在一定条件下，某种组分与基质（固定相）反应达到平衡时，存在于基质上的饱和容量，称为操作容量（或交换容量）。它的单位是 mmol/g（或 mg/g）、mmol/mL（或 mg/mL），数值越大，表明基质对该物质的亲和力越强。应当注意，同一种基质对不同种类分子的操作容量是不相同的，这主要是受分子大小（空间效应）、带电荷的多少、溶剂的性质等多种因素的影响。因此，实际操作时，加入的样品量要尽量少些，特别是生物大分子，样品的加入量更要进行控制，否则用层析法不能得到有效的分离。

（二）层析法的分类

（1）根据固定相基质的形式不同分类，层析可以分为纸层析（paper chromatography，PC）、薄层层析（thin-layer chromatography，TLC）和柱层析。纸层析是指以滤纸作为基质的层析。薄层层析是将基质在玻璃或塑料等光滑表面铺成一薄层，在薄层上进行层析。柱层析则是指将基质填装在管中形成柱形，在柱中进行层析。纸层析和薄层层析主要适用于小分子物质的快速检测分析和少量分离制备，通常为一次性使用，而柱层析是常用的层析形式，适用于样品分析、分离。生物化学中常用的凝胶层析、离子交换层析、亲和层析、高效液相色谱等通常都采用柱层析形式。

（2）根据流动相的形式不同分类，层析可以分为气相层析和液相层析。气相层析是指流动相为气体的层析，而液相层析指流动相为液体的层析。气相层析测定样品时需要气化，大大限制了其在生物化学领域的应用，主要用于氨基酸、核酸、糖类、脂肪酸等小分子的分析鉴定。液相层析是生物化学领域最常用的层析形式，适于生物样品的分析、分离。

（3）根据分离的原理不同分类，层析主要可以分为吸附层析、分配层析、凝胶过滤层析、离子交换层析、亲和层析等。吸附层析是以吸附剂为固定相，根据待分离物与吸附剂之间吸附力不同而达到分离目的的一种层析技术。分配层析是根据在一个有两相同时存在的溶剂系统中，不同物质的分配系数不同而达到分离目的的一种层析技术。凝胶过滤层析是以具有网状结构的凝胶颗粒作为固定相，根据物质的分子大小进行分离的一种层析技术。离子交换层析是以离子交换剂为固定相，根据物质的带电性质不同而进行分离的一种层析技术。亲和层析是根据生物大分子和配体之间的特异性亲和力（如酶和抑制剂、抗体和抗原、激素和受体等），将某种配体连接在载体上作为固定相，而对能与配体特异性结合的生物大分子进行分离的一种层析技术。亲和层析是分离生物大分子最为有效的层析技术，具有很高的分辨率。

（三）常见的几种层析方法

1. 纸层析　　纸层析是以滤纸为惰性支持物的分配层析。滤纸纤维和水有较强的亲和力，能吸收 22% 左右的水，而且其中 6%～7% 的水是以氢键形式与纤维素的羟基结合，在一般条件下较难脱去，而滤纸纤维与有机溶剂的亲和力甚弱。因此，一般的纸层析实际上是以滤纸纤维的结合水为固定相，以有机溶剂为流动相。纸层析对混合物进行分离时，发生两种作用：第一种作用是溶质结合纤维上的水与流过滤纸的有机相进行分配（即液-液分离）；第二种作用是根据滤纸纤维对溶质的吸附及溶质溶解于流动相的不同分配比进行分配（即固-液分配）。混合物的彼此分离是以上两种因素共同作用的结果。

在实际操作中，点样后的滤纸一端浸没于流动相液面之下，由于毛细作用，有机相即流动相开始从滤纸的一端向另一端渗透扩展。当流动相（有机相）沿滤纸经点样处时，样品点上的溶质在水和有机相之间不断进行分配，一部分样品离开原点随流动相移动，进入无溶质区，此时又重新分配，一部分溶质由流动相进入固定相（水相）。随着流动相的不断移动，因样品中各种不同的溶质组分有不同的分配系数，移动速率也不一样，所以各种不同的组分按其各自的分配系数不断进行分配，并沿着流动相流动的方向移动，从而使样品中各组分得到分离和纯化。

可以用相对迁移率（R_f）来表示一种物质的迁移：

$$R_f = \frac{\text{组分移动的距离}}{\text{溶剂前沿移动的距离}} = \frac{\text{原点至组分斑点中心的距离}}{\text{原点至溶剂前沿的距离}}$$

在滤纸、溶剂、温度等各项实验条件恒定的情况下，各物质的 R_f 值是不变的，它不随溶剂移动距离的改变而变化。R_f 与分配系数 K 的关系如下：

$$R_f = \frac{1}{1+AK}$$

A 是由滤纸性质决定的一个常数。由此可见，K 值越大，溶质分配于固定相的趋势越大，R_f 值越小；反之，K 值越小，分配于流动相的趋势越大，R_f 值越大。R_f 值是定性分析的重要指标。

在样品所含溶质较多或某些组分在单相纸层析中的 R_f 比较接近，不易明显分离时，可采用双向纸层析法。该法是将滤纸在某一特殊的溶剂系统中按一个方向展层以后，予以干燥，再旋转 90°，在另一溶剂系统中进行展层，待溶剂到达所要求的距离后，取出滤纸，干燥显色，从而获得双向层析谱。应用这种方法，如果溶质在第一种溶剂中不能完全分开，而经过第二种溶剂的层析能得以完全分开，就大大提高了分离效果。纸层析还可以与区带电泳法结合，能获得更有效的分离，这种方法称为指纹谱法。

2. 薄层层析 薄层层析是在玻璃板上涂布一层支持剂，将待分离样品点在薄层板一端，然后让推动剂向上流动，从而使各组分得到分离的物理方法。常用的支持剂有硅胶 G、硅胶 GF、氧化铝、纤维素、硅藻土、硅胶 G 硅藻土、纤维素 G、二乙氨基乙基（DEAE）-纤维素、交联葡聚糖凝胶等。使用的支持剂种类不同，其分离原理也不尽相同，薄层层析包括分配层析、吸附层析、离子交换层析、凝胶层析等多种。图 4 所示为薄层层析系统。

一般实验中应用较多的是以吸附剂为固定相的薄层吸附层析。物质之所以能在固体表面停留，是因为固体表面的分子和固体内部分子所受的吸引力不同。在固体内部，分子之间互相作用的力是对称的，其力场互相抵消。而处于固体表面的分子所受的力是不对称的，向内的一面受到固体内部分子的作用力大，而表面层所受的作用力小，因而气体或溶质分子在运动中遇到固体表面时受到这种剩余力的影响，就会被吸附而停留下来。吸附过程是可逆的，被吸附物在一定条件下可以解吸出来。在单位时间内被吸附于吸附剂某一表面上的分子和同一单位时间内离开此表面的分子之间可以

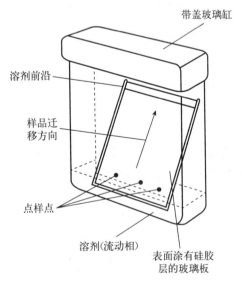

图 4　薄层层析系统

带盖玻璃缸

溶剂前沿

样品迁移方向

点样点

溶剂（流动相）

表面涂有硅胶层的玻璃板

建立动态平衡，该平衡称为吸附平衡。吸附层析过程就是不断地产生平衡和不平衡、吸附与解吸的动态平衡过程。

薄层层析设备简单、操作简单、快速灵敏。改变薄层厚度，既能做分析鉴定，又能做少量制备。配合薄层扫描仪，可以同时做到定性分析和定量分析，在生物化学、植物化学等领域是一类应用广泛的物质分离方法。

3. 离子交换层析　离子交换层析是利用离子交换剂上的可交换离子与周围介质中被分离的各种离子间的亲和力不同，经过交换平衡达到分离目的的一种柱层析法。该法可以同时分析多种离子化合物，具有灵敏度高，重复性、选择性好，分离速度快等优点，是当前常用的层析方法之一，常用于多种离子型生物分子（包括蛋白质、氨基酸、多肽及核酸等）的分离。

离子交换层析对物质的分离通常是在一根充填有离子交换剂的玻璃管中进行的。离子交换剂为人工合成的多聚物，其上带有许多可电离基团，根据这些基团所带电荷的不同，可分为阴离子交换剂和阳离子交换剂。含有预被分离的离子的溶液通过离子交换柱时，各种离子即与离子交换剂上的荷电部位竞争结合。任何离子通过柱时的移动速率取决于与离子交换剂的亲和力、电离程度和溶液中各种竞争性离子的性质及浓度。

离子交换剂是由基质、荷电基团和反离子构成，在水中呈不溶解状态，能释放出反离子。同时，它与溶液中的其他离子或离子化合物相互结合，结合后不改变本身和被结合离子或离子化合物的理化性质。

离子交换剂与水溶液中离子或离子化合物所进行的离子交换反应是可逆的。假定以 RA 代表阳离子交换剂，RA 在溶液中解离出来的阳离子 A^+，与溶液中的阳离子 B^+ 可发生可逆的交换反应：$RA+B^+ \rightleftharpoons RB+A^+$；该反应能以极快的速度达到平衡，平衡的移动遵循质量作用定律。

溶液中的离子与交换剂上的离子进行交换，一般来说，电性越强，越易交换。对于阳离子树脂，在常温常压的稀溶液中，交换量随交换剂离子的电价增大而增大，如几种离子的交换量由大到小排序为 $Na^+ < Ca^{2+} < Al^{3+} < Si^{4+}$。若原子价数相同，交换量则随交换离子的原子序数的增大而增大，如几种离子的交换量由大到小排序为 $Li^+ < Na^+ < K^+ < Pb^+$。在稀溶液中，强碱性树脂各负电性基团的离子结合力排序为 $CH_3COO^- < F^- < OH^- < HCOO^- < Cl^- < SCN^- < Br^- < CrO_4^{2-} < NO^{2-} < I^- < SO_4^{3-} < $ 柠檬酸根。弱酸性阴离子交换树脂对各负电性基团结合力的排序为 $F^- < Cl^- < Br^- = I^- = CH_3COO^- < PO_4^{3-} < AsO_4^{3-} < $ 酒石酸根 $<$ 柠檬酸根 $< CrO_4^{2-} < OH^-$。两性离子（如蛋白质、核苷酸、氨基酸等）与离子交换剂的结合力，主要取决于它们的理化性质和特定的条件呈现的离子状态：当 $pH < pI$ 时，两性离子能被阳离子交换剂吸附；反之，当 $pH > pI$ 时，两性离子能被阴离子交换剂吸附。若在相同 pI 条件下，且 pI>pH 时，pI 越高，碱性就越强，两性离子就越容易被阳离子交换剂吸附。

选择离子交换剂的一般原则：

（1）选择阴离子交换剂抑或阳离子交换剂，取决于被分离物质所带的电荷性质。如果被分离物质带正电荷，应选择阳离子交换剂；如果被分离物质带负电荷，应选择阴离子交换剂；如果被分离物为两性离子，则一般应根据其在稳定 pH 范围内所带电荷的性质来选择交换剂的种类。

（2）强型离子交换剂使用的 pH 范围很广。所以，常用它来制备去离子水和分离一些在极端 pH 溶液中解离且较稳定的物质。

（3）离子交换剂处于电中性时常带有一定的反离子，使用时选择何种离子交换剂，取决于交换剂对各种反离子的结合力。为了提高交换容量，一般应选择结合力较小的反离子。据此，强酸型和强碱型离子交换剂应分别选择 H 型和 OH 型；弱酸型和弱碱型离子交换剂应分别选择 Na 型和 Cl 型。

（4）交换剂的基质是疏水性还是亲水性，对被分离物质有不同的作用，因此对被分离物质的稳定性和分离效果均有影响。一般认为，在分离生命大分子物质时，选用亲水性基质的交换剂较为合适，它们对被分离物质的吸附和洗脱都比较温和，活性不易被破坏。

主要操作要点：①交换剂的预处理、再生与转型；②交换剂装柱；③样品上柱、洗脱和收集。

4. 凝胶层析法　凝胶层析法也称分子筛层析法，是指混合物随流动相经过凝胶层析柱时，各组分按其分子大小不同而被分离的方法。该法设备简单，操作方便，重复性好，样品回收率高，除常用于分离纯化蛋白质、核酸、多糖、激素等物质外，还可以用于测定蛋白质的相对分子质量，以及样品的脱盐和浓缩等。

凝胶是一种不带电的具有三维空间多孔网状结构、呈珠状颗粒的物质，每个颗粒的细微结构及网孔的直径均匀一致，小分子物质可以进入凝胶网孔，而大分子物质则排阻于颗粒之外。当含有分子大小不一的混合物样品加到用此类凝胶颗粒装填而成的层析柱上时，这些物质即随洗脱液的流动而发生移动。大分子物质沿凝胶颗粒间隙随洗脱液移动，流程短，移动速率快，先被洗出层析柱；小分子物质可通过凝胶网孔进入颗粒内部，然后再扩散出来，故流程长，移动速度慢，最后被洗出层析柱，从而使样品中不同大小的分子物质彼此获得分离。如果两种以上不同相对分子质量的分子物质都能进入凝胶颗粒网孔，由于它们被排阻和扩散的程度不同，在凝胶柱中所经过的路程和时间也不同，因而彼此也可以分离开来。

5. 高效液相色谱　高效液相色谱是一种多用途的层析色谱，可适用多种固定相和流动相，并可以根据特定类型分子物质的大小、极性、可溶性或吸收特性的不同将其分离开来。高效液相色谱仪一般由溶剂槽、高压泵（有一元、二元、四元等多种类型）、色谱柱、进样器（手动或自动）、检测器（常见的有紫外检测器、折光检测器、荧光检测器等）、数据处理机或色谱工作站等组成。

高效液相色谱的核心部件是耐高压的色谱柱。高效液相色谱柱通常由不锈钢制成，并且所有的组成元件、阀门等都是用可耐高压的材料制成。溶剂运送系统的选择取决于：①等度（无梯度）分离：在整个分析过程中只使用一种溶剂（或混合溶剂）；②梯度洗脱分离：使用一种微处理机控制的梯度程序来改变流动相的组分，该程序可通过混合适量的两种不同物质来产生所需要的梯度。

高效液相色谱具有高速、灵敏和多用途等优点，成为许多生物小分子分离所选择的方法，常用的是反相分配层析法。大分子物质（尤其是蛋白质和核酸）的分离通常需要一种"生物适合性"的系统（如 Pharmacia FPLC 系统）。在这类层析中，用钛、玻璃或氟化塑料代替不锈钢组件，并且使用较低的压力以避免其生物活性的丧失。

高效液相色谱的类型主要有以下几种：

（1）液-固吸附层析。固定相是具有吸附活性的吸附剂，常用的有硅胶、氧化铝、高分子有机酸或聚酰胺凝胶等。液-固吸附层析中的流动相依其所起的作用不同，分为底剂和洗脱剂两类，底剂起决定基本色谱分离的作用，洗脱剂调节试样组分的滞留时间长短，并对试样中某几个组分具有选择性作用。流动相中底剂与洗脱剂成分的组合和选择，直接影响色谱的分离情况，一般底剂为极性较低的溶剂，如正乙烷、环己烷、戊烷、石油醚等，洗脱剂则根据试样性质选用针对性溶剂，如醚、酯、酮、醇和酸等。液-固吸附层析可用于分离异构体、抗氧化剂与维生素等。

（2）液-液分配层析。固定相由单体固定液构成。将固定液的官能团结合在薄壳或多孔型硅胶上，经酸洗、中和、干燥活化，使表面保持一定的硅羟基，这种以化学键合相为固定相的液-液层析称为化学键合相层析。另一种利用离子对原理的液-液分配层析为离子对分配层析。

化学键合相层析分为：①极性键合相层析。固定相为极性基团（包括氰基、氨基及双羟基 3 种），流动相为非极性或极性较小的溶剂。极性小的组分先出峰，极性大的组分后出峰，称为正相层析法，适用于分离极性化合物。②非极性键合相层析。固定相为非极性基团，如十八烷基（C_{18}）、辛烷基（C_8）、甲基和苯基等，流动相用强极性溶剂，如水、醇、乙腈或无机盐缓冲液。最常用的是不同比例的水和甲醇配制的混合溶剂，水不仅起洗脱作用，还可掩盖载体表面的硅羟基，防止出现因吸附而导致的拖尾现象。极性大的组分先出峰，极性小的组分后出峰，恰好与正相层析法相反，故称反相层析法。本法适用于小分子物质（如肽、核苷酸、糖类、氨基酸的衍生物等）的分离。

离子对分配层析分为：①正相离子对层析。此法常以水吸附在硅胶上作为固定相，把与分离组分带相反电荷的配对离子以一定浓度溶于水或缓冲液涂渍在硅胶上。流动相为极性较低的有机溶剂。在层析过程中，待分离的离子与水相中配对离子形成中性离子对，在水相和有机相中进行分配，从而达到分离的目的。本法的优点是流动相选择余地大，缺点是固定相易流失。②反相离子对层析。固定相是疏水性键合硅胶，如 C_{18} 键合相，待分离离子和带相反电荷的配对离子同时存在于强极性的流动相中，生成的中性离子对在流动相和键合相之间进行分配，从而达到分离的目的。本法的优点是固定相不存在流失问题，流动相含水或缓冲液，更适用于电离性化合物的分离。

（3）离子交换层析。其原理与普通离子交换原理相同。在离子交换高效液相色谱中，固定相多用离子性键合相，故本法又称为离子性键合相层析。流动相主要是水溶液，pH 最好在被分离酸、碱的 pK 值附近。

6. 气相色谱　现代的气相色谱使用长达 50 m 的毛细管层析柱（内径为 $0.1 \sim 0.5$ mm）。固定相通常为一种交联的硅多体，附着在毛细管内壁形成一层膜。在正常操作温度下，其性质类似于液体膜，但要结实得多。流动相（载气）通常为氮气或氢气。依据不同组分在载气与硅多体之间的分配能力不同达到选择性分离的目的。大多数生物大分子的分离受柱温的影响。柱温有时在分析过程中维持恒定（等温——通常为 $50 \sim 250$℃），更常见的为设定一个增温的程序（如以每分钟 10℃ 的速度从 50℃ 升高到 250℃）。样品通过一个包含有气体阀门的注射孔注入柱顶部。柱中的产物可用下列方法检测出：

（1）火焰离子检测法。流出气体通过一种可使任何有机复合物离子化的火焰，然后被一个固定在火焰顶部附近的电极所检测。

（2）电子捕获法。此法使用一种发射 β 射线的放射性同位素作为离子化的方式。这种方法可以检测极微量（pmol）的亲电复合物。

（3）分光光度计法。包括气相色谱-质谱（GC-MS）分析法和气相色谱-红外光谱（GC-IR）分析法。

7. 亲和层析　亲和层析是利用某些生物分子之间专一可逆结合特性的一种高度专一的吸附层析类型。固体基质具有一个与之共价相连的特殊结合分子（如配位体），连接后的配体对互补分子的亲和力不会改变。配体是发生亲和反应的功能部位，也是载体和被亲和分子之间的桥梁。配体本身必须有两个基团：一个能与载体共价结合，另一个能与被亲和分子结合。配基的固定化方法有载体结合法、物理吸附法、交联法和包埋法。常用的配位体如下：

① 三嗪染色剂，用于蛋白质的纯化。

② 酶的底物或偶联因子，用于特定酶的纯化。

③ 抗体，用于相应的抗原。

④ 蛋白质 A，用于 IgG 抗体的纯化。

⑤ 单链寡核苷酸，用于互补的核酸（如 mRNA）或特定的单链 DNA 序列。

⑥ 凝集素，用于特定的单糖亚基。

亲和层析的基本操作如下：

一是寻找能被分离分子（称为配体）识别和可逆结合的专一性物质——配基。

二是把配基共价结合到层析介质（载体）上，即把配基固定化。

三是把载体-配基复合物灌装在层析柱内做成亲和柱。

四是上样亲和—洗涤杂质—洗脱收集亲和分子（配体）—亲和柱再生。

8. 聚焦层析　聚焦层析是一种操作简单、廉价的层析方法。本法的原理是根据各种蛋白质的等电点不同来进行分离，因此本法具有高分辨率、高度浓缩和高度专一等特点。聚焦层析所用的凝胶首先用高 pH 溶液平衡，然后用多元缓冲液进行洗脱，多元缓冲液 pH 呈梯度下降。

聚焦层析所用凝胶主要有两种：MONOP 和多元缓冲液交换剂（PBE）。其中，MONOP 是带孔小珠，孔中被带正电荷的氨基填充，适用于高效聚焦层析。多元缓冲液交换剂是一种交换凝胶，适用于作普通聚焦层析的介质。

五、电泳技术

电泳技术是指在电场作用下，带电颗粒由于所带的电荷不同以及分子大小差异而有不同的迁移行为从而彼此分离开来的一种实验技术。

许多生物分子都带有电荷，其电荷的多少取决于分子结构及所在介质的 pH 和组成。由于混合物中各种组分所带电荷性质、电荷数量以及相对分子质量的不同，在同一电场的作用下，各组分泳动的方向和速率也各异。因此，在一定时间内各组分移动的距离不同，从而达到分离鉴定各组分的目的。

电泳过程必须在一种支持介质中进行。Tiselius 等在 1937 年进行的自由界面电泳没有固定支持介质，所以扩散和对流都比较强，影响分离效果。后来出现了固定支持介质的电泳，样品在固定的介质中进行电泳，减少了扩散和对流等干扰作用。最初的支持介质是滤纸和醋酸纤维素膜，目前这些介质在实验室已经应用得较少。在很长一段时间里，小分子物质（如氨基酸、多肽、糖等）通常用滤纸或纤维素、硅胶薄层平板为介质的电泳进行分离、分析，但目前一般使用更灵敏的方法（如 HPLC 等）来进行分析。这些介质适合于分离小分子物质，操作简单、方便，但对于复杂的生物大分子则分离效果较差。凝胶作为支持介质的引入大大促进了电泳技术的发展，使电泳技术成为分析蛋白质、核酸等生物大分子的重要手段之一。最初使用的凝胶是淀粉凝胶，但目前使用得最多的是琼脂糖凝胶和聚丙烯酰胺凝胶。蛋白质电泳主要使用聚丙烯酰胺凝胶。

电泳装置主要包括两个部分：电源和电泳槽。电源提供直流电，在电泳槽中产生电场，驱动带电分子的迁移。电泳槽可以分为垂直式和水平式两类。垂直板式电泳是较为常见的一种电泳，常用于聚丙烯酰胺凝胶电泳中蛋白质的分离。电泳槽中间是夹在一起的两块玻璃板，玻璃板两边由塑料条隔开，在玻璃平板中间制备电泳凝胶，凝胶的大小通常是 12～14 cm，厚度为 1～2 mm。近年来新研制的电泳槽，胶面更小、更薄，以节省试剂和缩短电泳时间。制胶时，在凝胶溶液中放一个塑料梳子，在胶聚合后移去，形成上样品的凹槽。水平式电泳，是将凝胶铺在水平的玻璃上或塑料板上，用一薄层湿滤纸连接凝胶和电泳缓冲液，或将凝胶直接浸入缓冲液中。由于 pH 的改变会引起带电分子电荷的改变，进而影响其电泳迁移的速度，所以电泳过程应在适当的缓冲液中进行，缓冲液可以保持待分离物带电性质的稳定。

带电分子由于各自的电荷和形状、大小不同，因而在电泳过程中具有不同的迁移速度，形成了依次排列的不同区带而被分离。即使两个分子具有相似的电荷，如果它们的分子大小不同，则它们所受的阻力不同，因此迁移速度也不同，在电泳过程中就可以被分离。有些类型的电泳几乎完全依赖于物质分子所带的电荷不同进行分离，如等电聚焦电泳；而有些类型的电泳主要依靠物质分子大小的不同即电泳过程中产生的阻力不同而使物质得到分离，如 SDS-聚丙烯酰胺凝胶电泳。分离后的样品通过各种方法的染色进行检测。如果样品有放射性标记，则可以通过放射性自显影等方法进行检测。

（一）影响电泳的主要因素

影响电泳的因素很多，下面简单讨论一些主要的影响因素。

1. 待分离生物大分子的性质　待分离生物大分子所带的电荷、分子大小和性质都会对电泳有明显影响。一般来说，分子带的电荷量越大、直径越小、形状越接近球形，则其电泳迁移速度越快。

2. 缓冲液的性质　缓冲液的 pH 会影响待分离生物大分子的解离程度，

从而对其带电性质产生影响，溶液 pH 距离其等电点越远，其所带净电荷量就越大，电泳的速度也就越大，尤其对于蛋白质等两性分子，缓冲液 pH 还会影响其电泳方向。当缓冲液 pH 大于蛋白质分子的等电点时，蛋白质分子带负电荷，其电泳的方向指向正极。为了保持电泳过程中待分离生物大分子的电荷以及缓冲液 pH 的稳定性，缓冲液通常要保持一定的离子强度，一般为 $0.02\sim0.2$。离子强度过低，缓冲能力差；离子强度过高，会在待分离分子周围形成较强的带相反电荷的离子扩散层（即离子氛），由于离子氛与待分离分子的移动方向相反，它们之间产生了静电引力，因而引起电泳速度降低。另外，缓冲液的黏度也会对电泳速度产生影响。

3. 电场强度　电场强度（V/cm）是每厘米的电位降，也称电位梯度。电场强度越大，电泳速度越快。但增大电场强度会引起通过介质的电流强度增大，因而会造成电泳过程产生的热量增大。电流在介质中所做的功（W）为：

$$W = I^2Rt$$

式中：

I ——电流强度；

R ——电阻；

t ——电泳时间。

电流所做的功绝大部分都转换为热，因而引起介质温度升高，这会造成很多影响：①样品和缓冲离子扩散速度增加，引起样品分离带加宽；②产生对流，引起待分离物的混合；③如果样品对热敏感，会引起蛋白质变性；④引起介质黏度降低、电阻下降等。电泳中产生的热通常是由中心向外周散发的，所以介质中心温度一般要高于外周，尤其是管状电泳，由此引起中央部分介质相对于外周部分黏下降，摩擦因数减小，电泳迁移速度增大，由于中央部分的电泳速度比边缘快，所以电泳分离带通常呈弓形。降低电流强度，可以减小生热，但会延长电泳时间，引起待分离生物大分子扩散的增加而影响分离效果。因此，电泳实验要选择适当的电场强度，同时可以适当降低温度以获得较好的分离效果。

4. 电渗　由于支持介质表面可能会存在一些带电基团，如滤纸表面通常有一些羧基，琼脂可能会含有一些硫酸基，而玻璃表面通常有 Si—OH 基团等，这些基团电离后会使支持介质表面带电，吸附一些带相反电荷的离子，在电场的作用下向电极方向移动，形成介质表面溶液的流动，这种现象就是电渗。在 pH>3 时，玻璃表面带负电，吸附溶液中的正电离子，引起玻璃表面附近溶液层带正电，在电场的作用下，向负极迁移，带动电极液产生向负极的电渗流。如果电渗方向与待分离分子电泳方向相同，则加快电泳速度；如果电渗方向与待分离分子电泳方向相反，则降低电泳速度。

5. 支持介质的筛孔 支持介质的筛孔大小对分离生物大分子的电泳迁移速度有明显影响。在筛孔大的介质中，生物大分子泳动速度快；反之，则泳动速度慢。

（二）电泳方法的分类

1. 按支持物的物理性状不同分类 按支持物的物理性状，区带电泳可分为：

（1）滤纸电泳及其他纤维（如醋酸纤维、玻璃纤维、聚氯乙烯纤维）薄膜电泳。

（2）粉末电泳，如纤维素粉电泳、淀粉电泳、玻璃粉电泳。

（3）凝胶电泳，如琼脂糖凝胶电泳、硅胶电泳、淀粉胶电泳、聚丙烯酰胺凝胶电泳。

（4）丝线电泳，如尼龙丝电泳、人造丝电泳。

2. 按支持物的装置形式不同分类 按支持物的装置形式不同，区带电泳可分为：

（1）平板式电泳。支持物水平放置，是最常用的电泳方式。

（2）垂直板式电泳。聚丙烯酰胺凝胶常做成垂直板式电泳。

（3）垂直柱式电泳。聚丙烯酰胺凝胶盘状电泳即属于此类。

（4）连续液动电泳。连续液动电泳首先应用于纸电泳，将滤纸垂直竖立，两边各放一电极，溶液自顶端向下流，与电泳方向垂直。后来，有人用淀粉、纤维素粉、玻璃粉等代替滤纸来分离血清蛋白质，分离量大。

3. 按 pH 的连续性不同分类 按 pH 的连续性不同，区带电泳可分为：

（1）连续 pH 电泳。即在整个电泳过程中 pH 保持不变，常用的纸电泳、醋酸纤维薄膜电泳等属于此类。

（2）非连续性 pH 电泳。缓冲液和电泳支持物间有不同的 pH，如聚丙烯酰胺凝胶盘状电泳分离血清蛋白质时常用这种形式。它的优点是易在不同 pH 区之间形成高的电位梯度区，使蛋白质移动加速并压缩为一极狭窄的区带而起到浓缩的作用。

（三）电泳技术的应用

电泳技术主要用于分离各种有机物（如氨基酸、多肽、蛋白质、脂类、核苷酸、核酸等）和无机盐，也可用于分析某种物质的纯度，还可用于相对分子质量的测定。电泳技术与其他分离技术（如层析法）结合，可用于蛋白质结构的分析，指纹法就是电泳法与层析法的结合产物。用免疫原理测试电泳结果，提高了对蛋白质的鉴定能力。电泳与酶学技术结合发现了同工酶，使人们对于酶的催化和调节功能有了深入了解，因此电泳技术是医学科学中的重要研究技术。

1. 纸电泳和醋酸纤维薄膜电泳 纸电泳用于血清蛋白质分离已有相当长的历史，在实验室和临床检验中都曾得到广泛应用。自从 1957 年 Kohn 首先将醋酸纤维薄膜用作电泳支持物以来，纸电泳已被醋酸纤维薄膜电泳所取代，这是因为与纸电泳相比，醋酸纤维薄膜电泳具有电渗小、分离速率快、分离清晰、血清用量少以及操作简单等优点。

纸电泳是用滤纸作支持介质的一种早期电泳方法。尽管其分辨率比凝胶介质要差，但由于其操作简单，所以仍有很多应用，特别是在血清样品的临床检测和病毒分析等方面有重要用途。

纸电泳使用水平电泳槽。分离氨基酸和核苷酸时，常用 pH 为 2.0～3.5 的酸性缓冲液；分离蛋白质时，常用碱性缓冲液。选用的滤纸必须厚度均匀，常用国产的新华滤纸和进口的 Whatman Ⅰ 号滤纸。点样位置是在滤纸的一端距纸边 5～10 cm 处。样品可点成圆形或长条形，长条形的分离效果较好。点样量为 5～10 μg 或 5～10 μL。点样方法有湿点法和干点法。湿点法是在点样前即将滤纸用缓冲液浸湿，样品液要求较浓，不要多次点样。干点法是在点样后用缓冲液和喷雾器将滤纸喷湿，点样时可用吹风机吹干后多次点样，因此可以用较稀的样品。电泳时要选择好正、负极，电泳槽每厘米通常使用 2～10 V 的高压电泳，电泳时间可以大大缩短，但必须解决电泳时的冷却问题，并要注意安全。

电泳完毕，记下滤纸的有效使用长度，然后烘干，用显色剂显色。显色剂和显色方法可查阅有关书籍。定量测定的方法有洗脱法和光密度法。洗脱法是将确定的样品区带剪下，用适当的洗脱剂洗脱后进行比色或用分光光度计测定。光密度法是将染色后的干滤纸用光密度计直接定量测定各样品电泳区带的含量。

醋酸纤维薄膜电泳与纸电泳相似，只是换了醋酸纤维薄膜作为支持介质。将纤维素的羟基乙酰化为醋酸酯，溶于丙酮后涂布成有均一细密微孔的薄膜，其厚度为 0.10～0.15 mm。

与纸电泳相比，醋酸纤维薄膜电泳有以下优点：①醋酸纤维薄膜对蛋白质样品吸附极少，无"拖尾"现象，染色后蛋白质区带更清晰。②快速省时。由于醋酸纤维薄膜亲水性比滤纸小，吸水少，电渗作用小，电泳时大部分电流由样品传导，所以分离速度快，电泳时间短，完成全部电泳操作只需 90 min 左右。③灵敏度高，样品用量少。血清蛋白电泳仅需 2 μL 血清，点样量甚至可以少到 0.1 μL，仅含 5 μg 的蛋白样品也可以得到清晰的电泳区带。临床医学用于检测微量异常蛋白的改变。④应用面广。可用于那些纸电泳不易分离的样品，如胎儿甲种球蛋白、溶菌酶、胰岛素、组蛋白等。⑤醋酸纤维薄膜电泳染色后，用乙酸、乙醇混合液浸泡后可制成透明的干板，有利于光密度计和分光光度计扫描定量及长期保存。

由于醋酸纤维薄膜电泳操作简单、快速、价廉，目前已广泛用于分析检测血浆蛋白、脂蛋白、糖蛋白、胎儿甲种球蛋白、体液、脊髓液、脱氢酶、多肽、核酸及其他生物大分子，为心血管疾病、肝硬化及某些癌症鉴别诊断提供了可靠的依据，因而已成为医学和临床检验的常规技术。

2. 琼脂糖凝胶电泳 琼脂经处理去除其中的果胶成分即为琼脂糖。由于琼脂糖中硫酸根含量较琼脂少，电渗影响减弱，因而使分离效果显著提高。例如，血清脂蛋白用琼脂凝胶电泳只能分出两条区带（α-脂蛋白、β-脂蛋白），而琼脂糖凝胶电泳可将血清脂蛋白分出 3 条区带（α-脂蛋白、前 β-脂蛋白和 β-脂蛋白）。因此，琼脂糖是一种较理想的凝胶电泳材料。

琼脂糖凝胶的制作是将干的琼脂糖悬浮于缓冲液中，通常使用的浓度为1%～3%，加热煮沸至溶液变为澄清，注入模板后在室温下冷却凝聚即成琼脂糖凝胶。琼脂糖之间以分子内和分子间氢键形成较为稳定的交联结构，这种交联的结构使琼脂糖凝胶有较好的抗对流性质。琼脂糖凝胶的孔径可以通过琼脂糖的最初浓度来控制，低浓度的琼脂糖形成较大的孔径，而高浓度的琼脂糖形成较小的孔径。尽管琼脂糖本身没有电荷，但一些糖基可能会被羧基、甲氧基特别是硫酸根不同程度地取代，使得琼脂糖凝胶表面带有一定的电荷，引起电泳过程中发生电渗以及样品和凝胶间的静电相互作用，影响分离效果。琼脂糖凝胶可以用于蛋白质和核酸的电泳支持介质，尤其适合于核酸的提纯、分析。例如，浓度为 1% 的琼脂糖凝胶的孔径对于蛋白质来说是比较大的，对蛋白质的阻碍作用较小，这时蛋白质分子大小对电泳迁移率的影响相对较小，所以适用于一些忽略蛋白质大小而只根据蛋白质天然电荷来进行分离的电泳技术，如免疫电泳、平板等电聚焦电泳等。琼脂糖也适合于 DNA、RNA 分子的分离与分析，由于 DNA、RNA 分子通常较大，所以在分离过程中会存在一定的摩擦阻碍作用，这时分子的大小会对电泳迁移率产生明显影响。例如，对于双链DNA，电泳迁移率的大小主要与 DNA 分子大小有关，而与碱基排列及组成无关。DNA 分子的电泳迁移率与其相对分子质量的常用对数成反比（切记：不是线性的关系）；分子构型也对迁移率有影响，如共价闭环 DNA 迁移率＞直线 DNA 迁移率＞开环双链 DNA 迁移率。为了方便在电泳图中迅速读出待测定 DNA 片段的大小，在电泳过程中往往加入固定片段大小的 DNA marker 作为参照物。另外，一些低熔点的琼脂糖（62～65℃）可以在 65℃ 时融化，因此其中的样品如 DNA 可以重新溶解到溶液中而回收。

3. 聚丙烯酰胺凝胶电泳 聚丙烯酰胺凝胶电泳是以聚丙烯酰胺凝胶作为支持介质。聚丙烯酰胺凝胶是由单体的丙烯酰胺（$CH_2 = CHCONH_2$, acryl-amide）和甲叉双丙烯酰胺 $[CH_2(NHCOHC = CH_2)_2$, N - mechylene bisacrylamide] 聚合而成，这一聚合过程需要由自由基催化完成，通常是加入催化剂过硫酸铵（AP）以及加速剂四甲基乙二胺（TEMED）引发自由基聚合反应。

聚丙烯酰胺凝胶的孔径可以通过改变丙烯酰胺和甲叉双丙烯酰胺的浓度来控制，丙烯酰胺的浓度可以在 3%～30%。低浓度的凝胶具有较大的孔径，如 3% 的聚丙烯酰胺凝胶对蛋白质没有明显的阻碍作用，可用于平板等电聚焦或 SDS-聚丙烯酰胺凝胶电泳的浓缩胶，也可以用于分离 DNA；高浓度凝胶具有较小的孔径，对蛋白质有分子筛的作用，可以用于根据蛋白质的相对分子质量进行分离的电泳中，如 10%～20% 的凝胶常用作 SDS-聚丙烯酰胺凝胶电泳的分离胶。

未加 SDS 的天然阳离子聚丙烯酰胺凝胶电泳可以使生物大分子在电泳过程中保持其天然的形状和电荷，它们的分离是依据其电泳迁移率的不同和凝胶的分子筛作用，因而可以得到较高的分辨率，尤其是在电泳分离后仍能保持蛋白质和酶等生物大分子的生物活性，对于生物大分子的鉴定有重要意义。其方法是在凝胶上进行两份相同样品的电泳，电泳后将凝胶切成两半。一半用于活性染色，对某个特定的生物大分子进行鉴定；另一半用于所有样品的染色，以分析样品中各种生物大分子的种类和含量。

聚丙烯酰胺凝胶是一种人工合成的凝胶，具有机械强度好、弹性大、透明、化学稳定性高、无电渗作用、设备简单、样品量小（1～100 μg）、分辨率高等优点，并可通过控制单体浓度或单体与交联剂的比例，聚合成不同孔径大小的凝胶，可以用于蛋白质、核酸等分子大小不同的物质的分离、定性和定量分析，还可结合解离剂十二烷基硫酸钠（SDS），以测定蛋白质亚基的相对分子质量。

4. 免疫电泳技术　免疫电泳技术是电泳分析与沉淀反应的结合产物。这种技术有两大优点：一是加快了沉淀反应的速度；二是将某些蛋白组分利用其带电荷的不同而将其分开，再分别与抗体反应，以此做更细微的分析。免疫电泳为区带电泳与免疫双向扩散的结合，先利用区带电泳技术将不同电荷和不同相对分子质量的蛋白抗原在琼脂内分离开，然后与电泳方向平行在两侧开槽，加入抗血清。置于室温或 37℃ 下使两者扩散，各区带蛋白质在相应位置与抗体反应形成弧形沉淀线。根据各蛋白质所处的电泳位置，可以精确地将不同的蛋白质加以分离鉴别。

5. 毛细管电泳　毛细管电泳又称高效毛细管电泳（HPCE），是近年来发展迅速的分析方法之一。毛细管电泳符合以生物工程为代表的生命科学各领域中对多肽、蛋白质（包括酶、抗体）、核苷酸乃至脱氧核糖核酸（DNA）的分离分析要求，所以得到了迅速发展。毛细管电泳是经典电泳技术和现代微柱分离技术相结合的产物。

毛细管电泳与高效液相色谱法（HPLC）相比，其相同之处都是高效分离方法，仪器操作均可自动化，且二者均有多种不同分离模式。二者之间的差异：毛细管电泳用迁移时间取代 HPLC 中的保留时间，毛细管电泳的分析时间通常不超过 30 min，比 HPLC 速度快；对毛细管电泳而言，从理论上推得其理论塔板高度与溶质的扩散系数成正比，对扩散系数小的生物大分子而言，其柱效要比 HPLC 高得多；毛细管电泳所需样品为 nL 级，最低可达 270 fL，流动相用量也只需几毫升，而 HPLC 所需样品为 μL 级，流动相则需几百毫升乃至更多；毛细管电泳仅能实现微量制备，而 HPLC 可常量制备。

毛细管电泳与普通电泳相比，由于其采用高电场，因此分离速度要快得多；检测器除了未能与原子吸收光谱及红外光谱连接以外，其他类型检测器均已与毛细管电泳实现了连接检测；普通电泳定量精度差，而毛细管电泳定量精度较好；毛细管电泳操作自动化程度比普通电泳要高得多。总之，毛细管电泳的优点可概括为灵敏度高、分辨率高、速度快、样品少、成本低。由于具有以上优点以及分离生物大分子的能力，毛细管电泳成为近年来发展迅速的分离分析方法之一。当然，毛细管电泳还是一种正在发展中的方法，相关理论研究和实际应用正在发展中。

六、基因工程技术

基因工程是在分子生物学和分子遗传学综合发展基础上于 20 世纪 70 年代诞生的一门生物技术科学。基因工程具有以下重要特征：首先，外源核酸分子在不同的寄主生物中进行繁殖，能够跨越天然物种屏障，把来自任何一种生物的基因放置到新的生物中，而这种生物可以与原来生物毫无亲缘关系，这种能力是基因工程的第一个重要特征。其次，一种确定的 DNA 小片段在新的寄主细胞中进行扩增，这样实现很少量 DNA 样品"拷贝"出大量的 DNA，而且是大量没有污染任何其他 DNA 序列的、绝对纯净的 DNA 分子群体。科学家将改变人类生殖细胞 DNA 的技术称为"基因系治疗（germlinetherapy）"，通常所说的基因工程则是针对改变动植物生殖细胞的。无论称谓如何，改变个体生殖细胞的 DNA 都将可能使其后代发生同样的改变。

（一）基因工程介绍和基本原理

基因工程是现代生物学研究的重要手段，它是综合运用多项现代生物技术，实现 DNA 分子人工定向改造的一种技术。其主要原理是在体外将目的 DNA 分子利用各种 DNA 修饰酶（主要是 DNA 限制性核酸内切酶和 DNA 连接酶）进行修饰改造后，重新生成具有新的性状的重组 DNA 分子。基因工程除了可以构建各种重组质粒外，还可以对基因组 DNA 进行改造，在基因组的特定位置点删除、替换、插入外源基因序列，构建各种基因工程菌。

基因工程技术涉及以下步骤：

（1）从生物体的基因组中分离目的 DNA 序列（基因）。这通常包括 DNA 的纯化、酶促消化或机械切割等。

（2）建立人工的重组 DNA 分子（有时称为 rDNA），即将目的基因插入能在宿主细胞中复制的 DNA 分子，即克隆载体。对细菌细胞来说，合适的克隆载体有质粒和细菌噬菌体。

（3）将重组 DNA 分子转到合适的宿主中，如大肠杆菌。当利用质粒时，对一个重组的病菌载体来说，此过程又称为转化或转染。

（4）利用细胞培养技术，培养筛选转化的细胞。一个转化的宿主细胞能生长并产生遗传上相同的克隆细胞，每个细胞都携带着转化的目的基因，此技术就是常指的"基因克隆"或"分子克隆"。

（二）聚合酶链式反应（PCR）技术

1. PCR 技术的基本原理　PCR 类似于 DNA 的天然复制过程，其特异性依赖于与靶序列两端互补的寡核苷酸引物。PCR 由变性—退火—延伸 3 个基本反应步骤构成：①模板 DNA 的变性：模板 DNA 经加热至 93℃左右一定时间后，模板 DNA 双链或经 PCR 扩增形成的双链 DNA 解离，使之成为单链，以便它与引物结合，为下轮反应做准备；②模板 DNA 与引物的退火（复性）：模板 DNA 经加热变性成单链后，温度降至 55℃左右，引物与模板 DNA 单链的互补序列配对结合；③引物的延伸：DNA 模板-引物结合物在 TaqDNA 聚合酶的作用下，以 dNTP 为反应原料，以靶序列为模板，按碱基配对与半保留复制原理，合成一条新的与模板 DNA 链互补的半保留复制链，重复循环变性—退火—延伸过程，就可获得更多的半保留复制链，而且这种新链又可成为下次循环的模板。每完成一个循环需 2～4 min，2～3 h 就能将待扩目的基因扩增放大几百万倍。到达平台期所需的循环次数取决于样品中模板的拷贝数。

2. PCR 的反应动力学　PCR 的 3 个反应步骤反复进行，使 DNA 扩增量呈指数上升。反应最终的 DNA 扩增量可用 $Y=(1+X)^n$ 计算。Y 表示 DNA 片段扩增后的拷贝数，X 表示平均每次的扩增效率，n 表示循环次数。平均扩增效率的理论值为 100%，但在实际反应中平均效率达不到理论值。反应初期，靶序列 DNA 片段的增加呈指数形式，随着 PCR 产物的逐渐积累，被扩增的 DNA 片段不再呈指数增加，而进入线性增长期或静止期，即出现停滞效应，这种效应称"平台期"。到达平台期所需 PCR 循环次数取决于样品中模板的拷贝数、PCR 扩增效率及 DNA 聚合酶的种类、活性，以及非特异性产物的竞争等因素。在大多数情况下，平台期是不可避免的。

3. PCR 技术的应用　随着 PCR 技术的进步，发展了逆转录（reverse

transcription，RT）PCR、兼并引物（degenerate primer）PCR、多重（multiplex）PCR、套式（nested）PCR、非对称（asymmetric）PCR 和实时定量（real-time quantitative）PCR 等多种应用模式，实现了对目标基因或特定核苷酸序列的定性分析和定量分析。

由于 PCR 技术具有特异性强、灵敏度高、简便、快速等特点，已在工业、农业和医学等领域得到了广泛应用。在分子生物学基础研究上，PCR 被广泛地应用于基因克隆和定点突变。在农业科学方面，PCR 技术应用于转基因产品检测、农作物病虫害检测、动植物遗传分析、食品微生物检测等研究实践中。在临床医学上，PCR 被用于鉴别遗传疾病、快速检测病毒和病菌感染，对抗病毒药物治疗疗效监测以及耐药突变、基因分型、血液筛查等定性检测和定量检测。在法医上，采用 PCR 扩增技术，可以从毛发、唾液和血液等获得足够量的 DNA 进行测序鉴定罪犯，目前已成为发现罪证的重要方法。科学家还可以运用 PCR 技术从古埃及木乃伊、几千万年前琥珀中的昆虫和恐龙的骨头等不同寻常的样品中获得足够的 DNA 进行研究，博物馆中的化石标本等都可以成为遗传学的研究对象，因此而诞生了分子古生物学。

七、蛋白质的分离、纯化和分析

以蛋白质结构与功能为基础，从分子水平上认识生命现象，已经成为现代生物学发展的主要方向。蛋白质在组织或细胞中一般都是以复杂的混合物形式存在，每种类型的细胞都含有成千上万种不同的蛋白质，研究蛋白质，首先要得到高度纯化并具有生物活性的目的物质。蛋白质的分离和提纯工作是一项艰巨而繁重的任务，截至目前，还没有一个单独的或一套现成的方法能把任何一种蛋白质从复杂的混合物中提取出来，但对任何一种蛋白质都有可能选择一套适当的分离提纯程序来获取高纯度的制品。

蛋白质提纯的总目标是设法增加制品的纯度或比活性，对纯化的要求，是以合理的效率、速度、收率和纯度，将需要蛋白质从细胞的全部其他成分特别是不想要的杂蛋白质中分离出来，同时仍保留有目标蛋白质的生物学活性和化学完整性。

分离纯化蛋白质的方法很多，这些方法主要是利用蛋白质之间以及蛋白质和其他物质之间的差异，如分子大小、形状、酸碱性、溶解度、极性、带电性和对其他分子的亲和性等差异建立起来的。各种分离纯化方法的主要原理基本上可归纳成两个方面：一是利用混合物中几个组分分配系数的差异，把它们分配到两个或几个相中，如盐析、盐溶、有机溶剂沉淀、共沉淀、层析和结晶等；二是将混合物置于单一的物相中，通过物理力场的作用使各组分分配于不同区域而达到分离的目的，如离心、超滤、层析、电泳等。

（一）蛋白质的分离纯化策略

蛋白质的纯化问题所涉及的具体步骤最终取决于样品的性质，但也有共同的可参考的 3 个阶段，即捕获阶段（目标是澄清、浓缩和稳定目标蛋白质）、中度纯化阶段（目标是除去大多数大量杂质，如其他蛋白质、核酸、内毒素和病毒等）和精制阶段（除去残余的痕量杂质和必须去除的杂质）。

分离纯化中对每个步骤的选择可以遵循以下原则：应尽可能地利用蛋白质的不同物理特性选择所用的分离纯化技术，而不是利用相同的技术进行多次纯化；不同的蛋白质在性质上有很大的不同，这是能从复杂的混合物中纯化出目标蛋白质的依据，每一步纯化步骤应当充分利用目标蛋白质和杂质成分物理性质的差异。同时，在分离纯化的每一步，都需要对蛋白质及其活性进行定量，这就要求分析方法具有特异性、快速、灵敏和可定量的特点，以对分离纯化的效果进行评价。特异性要求分析方法反映目标蛋白质的独特性，以排除假阳性。快速则要求能很快地给出定性和定量结果，以便更好地与分离纯化的工作相衔接。灵敏的分析方法仅需要少量的样品，这就给操作带来了极大方便。在纯化的过程中，需要监测以下几个参数：总的样品体积、样品中总的蛋白质和目标蛋白质的总活性。通过这些基本的信息，就可以跟踪每步纯化的效率，计算出目标蛋白质的回收率、目标蛋白质的比活性以及纯化倍数，从而对纯化的每一步乃至整个流程进行定量评价。正是由于分析方法在分离纯化中的指导性作用，所以有效的分析方法是分离纯化是否能够成功的前提。

（二）蛋白质分离纯化的一般程序

1. 原材料的选择与处理、组织及细胞的破碎、蛋白质的捕获

（1）原材料的选择与处理。在这一步骤中，首先选择合适的生物材料，其原则是生物材料富含所要纯化的蛋白质并易于处理，通常采用的生物材料是动物组织（如肌肉、内脏、脑组织等）、植物组织（如叶片、种子等）、微生物细胞（如酵母细胞、大肠杆菌细胞等）。然后对这些选定的组织或细胞在适当的溶液中进行破碎处理，离心分离处理后的组织或细胞，收集含目标蛋白质的组分。如果目标蛋白质存在于细胞外，如微生物的培养基中、血浆中，则不需要破碎过程；如果目标蛋白质存在于某种细胞器中，则需要先将该种细胞器分离出来，再对这种细胞器进行处理，纯化其中的目标蛋白质。

（2）组织及细胞的破碎。常用的破碎方法有机械法、物理法、化学法和酶解法。机械法包括组织捣碎法（用高速组织捣碎机捣碎）、研磨法（用石英砂等在研钵中研磨从而破碎组织或细胞）、高压挤压（通过瞬间高压挤压破碎组织或细胞）、匀浆器破碎（用匀浆器研磨从而磨碎组织或细胞）。物理法包括超声破碎法（超声波产生冲击和振动而产生剪切力，使组织或细胞破碎）、渗透压法（细胞在低渗溶液中膨胀而破碎）、冻融法（反复冻融，由细胞内冰粒的形成和剩余细胞液的盐浓度增高引起溶胀，使细胞结构破碎）。化学法包括溶剂处理法（用化学溶剂使组织或细胞溶解）、表面活性剂处理法〔用表面活性剂（如 SDS）使组织或细胞溶解〕。酶解法包括自溶法（靠细胞自身释放的酶使组织或细胞溶解）和酶解法（外加的蛋白酶使组织或细胞溶解）。

不同的破碎方法适用于不同的生物材料，动物材料（如肌肉、内脏等）适于用组织捣碎法或匀浆器破碎法处理；植物叶片、种子与酵母细胞适于用研磨法处理；大肠杆菌细胞适于用超声破碎法或高压挤压法处理。

（3）蛋白质的捕获。蛋白质的捕获是在分离纯化蛋白质之前将经过预处理或破碎的细胞置于特定溶剂中，使待纯化的蛋白质充分地释放到溶剂中，澄清和浓缩目标蛋白质，并尽可能保持原来的天然状态、不丢失生物活性的过程。这一过程是将目的蛋白质与细胞中其他物质分离，即由固相转入液相，或从细胞内的生理状况转入外界特定的溶液中。蛋白质的提取一般以水溶液为主，稀盐溶液和 pH 适中的缓冲液中蛋白质的稳定性好、溶解度大，是提取蛋白质和酶最常用的溶剂。如果目标蛋白质是膜蛋白，需要在提取液中添加 Triton X - 100 等表面活性剂，以溶解细胞膜，使膜蛋白进入提取液；如果目标蛋白质以包涵体形式存在，需要用高浓度的变性剂（如尿素和盐酸胍）处理样品，使其溶解，再去除变性剂，使目标蛋白质得以复性。

2. 蛋白质的粗分级分离 蛋白质的粗分级分离是指选用一套适当的方法，将蛋白质粗提液中目的蛋白质与其他杂质初步分离开来。一般采用盐析、等电点沉淀、有机溶剂分级分离、聚乙二醇沉淀等方法。这些方法的特点是简便、处理量大，既能除去大量杂质（包括脱盐），又能浓缩蛋白质溶液，但分辨率较低。有些蛋白质粗提液体积较大，且不适于用沉淀法浓缩，则可采用超滤、聚乙二醇浓缩法等进行浓缩。

（1）盐析。中性盐对蛋白质的溶解度有显著影响，一般在低盐浓度下随着盐浓度升高，蛋白质的溶解度增加，称为盐溶；当盐浓度继续升高时，蛋白质的溶解度不同程度地下降而使蛋白质先后析出，这种现象称为盐析，将大量盐加到蛋白质溶液中，高浓度的盐离子（如硫酸铵的 SO_4^{2-} 和 NH_4^+）有很强的水化力，可夺取蛋白质分子的水化层，使之"失水"。于是，蛋白质胶粒凝结并沉淀析出。盐析时，若溶液 pH 在蛋白质等电点则效果更好。由于各种蛋白质分子颗粒大小、亲水程度不同，故盐析所需的盐浓度也不一样，因此调节混合蛋白质溶液中的中性盐浓度可使各种蛋白质分段沉淀。

影响盐析的因素有：①温度。除对温度敏感的蛋白质在低温（4℃）操作外，一般均可在室温中进行。一般温度降低，蛋白质溶解度降低。但有的蛋白质（如血红蛋白、肌红蛋白、清蛋白）在较高的温度（25℃）比 0℃时溶解度低，更容易盐析。②pH。大多数蛋白质在等电点时在浓盐溶液中的溶解度最低。③蛋白质浓度。蛋白质浓度高时，欲分离的蛋白质常常夹杂着其他蛋白质一起沉淀出来（共沉现象）。因此，在盐析前要适当稀释使蛋白质含量为 25～30 g/L。

蛋白质盐析常用的中性盐，主要有硫酸铵、硫酸镁、硫酸钠、氯化钠、磷酸钠等。其中应用最多的是硫酸铵，它的优点是温度系数小而溶解度大（25℃时饱和溶液为 4.1 mol/L，即 767 g/L；0℃时饱和溶解度为 3.9 mol/L，即 676 g/L），在这一溶解度范围内，许多蛋白质和酶都可以盐析出来。另外，硫酸铵分段盐析效果也比其他盐好，不易引起蛋白质变性。硫酸铵溶液的 pH 常为 4.5～5.5，当用其他 pH 进行盐析时，需用硫酸或氨水调节。

（2）等电点沉淀。蛋白质分子是两性电解质，在溶液的 pH 等于其等电点时，颗粒之间的静电斥力最小，溶解度也最小，因而沉淀。不同的蛋白质具有不同的等电点，可通过调节溶液不同的 pH 来分级沉淀它们。但此法很少单独使用，可与盐析结合使用。

（3）有机溶剂分级分离。蛋白质分子表面具有水化层而不易沉淀，通过加入与水可混溶的有机溶剂，如甲醇、乙醇或丙酮等，可去掉其水化层而使多数蛋白质溶解度降低并析出使其沉淀。此法分辨率比盐析高，但蛋白质较易变性，应在低温下进行。

（4）聚乙二醇沉淀。水溶性非离子聚合物聚乙二醇是强的吸水剂，它可破坏蛋白质分子表面的水化层而使其沉淀。

3. 蛋白质的细分级分离　蛋白质的细分级分离也就是使样品进一步纯化。样品经粗分级分离以后，一般体积较小，大部分杂质已被除去。用于细分级分离的方法一般规模较小，但分辨率很高。一般使用层析法，主要包括凝胶过滤、离子交换层析、吸附层析和亲和层析等，必要时还可选择电泳法（包括区带电泳、等电聚焦电泳等）作为最后的纯化步骤；结晶也往往作为蛋白质分离纯化的最后步骤。

一般的蛋白质分离纯化程序的选择策略：选择不同机制的分离单元组成一套工艺，将含量多的杂质先分离去除，以尽快缩小样品体积，提高目的蛋白质浓度，并尽早采用高效分离手段，将最昂贵、最费时的分离单元放在最后阶段。另外，在蛋白质分离纯化的过程中，应尽可能在低温（0～4℃）操作，防止过酸、过碱，防止产生过多的泡沫等，时刻注意保护蛋白质的稳定性，以防止蛋白质变性失活。

（1）层析策略。在分离制备这些生物活性物质的过程中，需要采用各种层析技术，这就有各种层析介质及层析技术的合理搭配问题。首先，应尽可能想办法了解需要纯化的蛋白质的相对分子质量、等电点、溶解性及稳定性等基本性质，由此选择合适的层析方法、层析介质、加样、洗涤与洗脱条件等。精制时，对粗品的第一次层析通常用离子交换层析法，亲和层析法也是比较好的选择（此法专一性强，纯化倍数高）。凝胶过滤通常用于最后的精细纯化阶段（此法分辨率高，纯化效果好，同时可起到脱盐的效果）。

在纯化中要注意将不同层析技术有机地衔接在一起，尽量减少不同层析技术间的样品处理（如浓缩、交换缓冲液等）。体积大的样品，往往先使用离子交换层析来浓缩和纯化，在离子交换层析中高盐洗脱的样品再用疏水层析纯化；疏水层析采用高盐吸附、低盐洗脱的原理，洗脱的样品又可直接进行离子交换层析，这两种方法常被交替使用。

（2）层析过程需要注意的几个问题。

① 注意保持层析系统的稳定性。例如，保持稳定的流速，保持层析系统的密封性，避免层析介质的失水干化。

② 洗脱 pH 的合理选择。一般条件下，碱性蛋白或碱性酶、肽在酸性条件下较碱性条件稳定。所以，在操作过程中，尽量采用酸性条件，尽可能避免碱性条件。酸性蛋白、酸性酶等在碱性条件下较稳定。所以，在操作过程中，尽可能采用碱性条件。

不同层析方法有不同的特殊要求。例如，凝胶过滤对加样量与加样方式有严格的要求；离子交换层析对离子交换剂的平衡处理有严格的要求；亲和层析对亲和吸附介质的质量有严格的要求。

4. 蛋白质的脱盐、浓缩、干燥和保存

（1）脱盐。经过各种纯化手段提纯的蛋白质溶液经常含有较高的盐离子浓度，需要将多余的盐离子去除，称为蛋白质的脱盐。脱盐的主要方法包括透析法、超滤法等。

透析法是将专用的半透膜（动物膜、玻璃纸及纤维素膜）制成袋状，将蛋白质样品溶液置入袋内，将此透析袋浸入水或低盐缓冲液中，样品溶液中相对分子质量大的蛋白质被截留在袋内，而盐和小分子物质不断扩散透析到袋外，直到袋内外两边的浓度达到平衡为止。透析法已成为生物化学实验室最简便、最常用的分离纯化技术，在蛋白质的制备过程中，除去盐、少量有机溶剂、生物小分子杂质和浓缩样品等都要用到透析法。

超滤法是用一种特制的薄膜（超滤膜）对溶液中各种溶质分子进行选择性过滤的方法。当溶液在一定压力下（外源氮气压、真空泵压或因离心产生的压力）通过膜时，相对分子质量小的小分子可透过膜，大分子被截留于原来溶液中。该方法最适于生物大分子，尤其是蛋白质的脱盐和浓缩，并且不存在相变，不添加任何化学物质，具有成本低、操作方便、条件温和、能较好地保持蛋白质生物活性以及回收率高等优点。除浓缩、脱盐外，超滤法还应用于蛋白质的分离纯化、除菌过滤等。

（2）浓缩。浓缩是使蛋白质溶液的体积减小而蛋白质浓度增大的过程。在分离蛋白质时，一般常用浓缩沉淀法（如盐析法、有机溶剂沉淀法等）、超滤法、吸收法等进行浓缩。吸收法是通过吸收剂直接吸收除去溶液中的溶液分子使之浓缩。所用的吸收剂必须与溶液不起化学反应，对生物大分子不吸附，易与溶液分开。常用的吸收剂有聚乙二醇、聚乙烯吡咯酮、蔗糖和凝胶等。使用聚乙二醇吸收剂时，先将生物大分子溶液装入半透膜的袋里，外加聚乙二醇覆盖置于 4℃ 下，袋内溶剂渗出即被聚乙二醇迅速吸去，聚乙二醇被水饱和后要更换新的，直至达到所需要的体积。

（3）干燥。制备得到所需的蛋白质产品后，为了防止产品变质，保持生物活性，易于保存和运输，常常要进行干燥处理。最常用的干燥方法是真空干燥和冷冻真空干燥。

真空干燥适用于不耐高温、易氧化物质的干燥和保存。其原理与减压浓缩相同，真空度越高，溶液沸点越低，蒸发越快。操作时，一般先将待干燥的液体冷冻到冰点以下使之变成固体，然后在低温低压下将溶剂变成气体而除去。此法适用于各类生物大分子的干燥保存。

冷冻真空干燥又称升华干燥，除利用真空干燥原理外，同时增加了温度因素。在相同压力下，水蒸气压力随温度的下降而下降，故在低温低压下，冰很容易升华为气体。操作时，一般先将待干燥液体冷冻到冰点以下，使溶液中的水分变成固态冰，然后在低温（−30～−10℃）高真空度（13.3～40 Pa）下将固态冰变成气体直接用真空泵抽走。此法尤其适用于各类蛋白质的干燥保存。

（4）保存。蛋白质产品的保存方法与蛋白质的稳定性及保持生物活性的关系很大，应根据蛋白质的种类及对活性的要求而定。蛋白质的保存可分为液态保存和干粉保存两种。

液态保存：对保持蛋白质活性是不利的，故只在一些特殊情况下采用，并需要严格的防腐保护措施，保存时间也不宜过长，常用的防腐剂有甲苯、苯甲酸、氯仿等。蛋白质和酶常用的稳定剂有硫酸铵、蔗糖、甘油等，酶也可加入底物和辅酶以提高其稳定性，某些金属离子（如钙、镁、锌等）对某些酶也有一定的保护作用。蛋白质和酶等不宜在 0℃ 以下保存，因为溶液结冰会造成大分子构象被破坏，使其失活。液态保存时，应注意以下几点：样品不能太稀，必须浓缩到一定浓度才能封装储藏，样品太稀易使生物大分子变性；一般需加入防腐剂和稳定剂；保存温度要求在 0℃ 以下时，应加入 50％ 甘油，以防止蛋白质溶液结冰而使蛋白质失活。

干粉保存：干燥的蛋白质制品一般比较稳定，如制品含水量很低，在低温情况下，蛋白质活性可在数个月甚至数年没有显著变化。保存方法也很简单，只需将干燥后的样品置于干燥器内（内装有干燥剂）密封，在 0～4℃冰箱中保存即可。有时为了取样方便并避免取样时样品吸水和污染，可先将样品分装成许多小瓶，每次使用时，只取出一小瓶即可。

（三）蛋白质分离纯化程序的可行性检测

在蛋白质分离提纯的过程中，常需要对目标蛋白的活性、含量和提纯程度进行跟踪分析，然后根据分析结果及时对纯化方法进行调整。蛋白质的纯化工作结束后，对最后的制品也需要进行鉴定并记录鉴定结果，以方便以后对该蛋白质制品的使用。

1. 蛋白质含量与活性的测定　为了评价蛋白质分离纯化程序的可行性以及每一步骤纯化的效果，必须测定每一分离纯化步骤后所得蛋白质制剂的总蛋白质含量与生物活性，然后计算每一纯化步骤后的提纯倍数以及酶活力回收率。根据这些基本数据结合蛋白质纯度结果综合分析评价蛋白质分离纯化程序的可行性以及每一步骤纯化的效果。

常用的测定总蛋白质含量的方法有福林-酚法、考马斯亮蓝染料结合分析法、双缩脲法、紫外吸收法、凯氏定氮法等。蛋白质种类不同，其生物活性也不同，当然生物活性的测定方法也不同。例如，某蛋白质具有酶活性，就可以测定它的比活力；如果是多肽类激素，就可以测定其生物活性等。生物活性的测定与总蛋白质含量的测定配合起来，可以用来表示蛋白质分离纯化过程中某一特定蛋白质的纯化程度，同时也可以表示分离纯化过程每一步骤的可行性以及分离纯化的纯化效果。对于酶，在分离提纯的过程中必须跟踪其活性。酶活性测定的方法即为测定单位时间内酶促反应底物减少量或产物增加量的方法，包括分光光度法、荧光法、同位素测定法、电化学方法等。测定抗体活性的方法属于免疫检测方法，包括酶联免疫吸附测定法、免疫电泳法、免疫印迹法等。

2. 蛋白质纯度的鉴定　蛋白质纯度的鉴定是指蛋白质提纯后以一定可靠的指标表明它的纯度。常用的有各种电泳法（SDS - PAGE 法、非变性 PAGE 法、等电聚焦电泳法）、N 末端氨基酸残基分析法、高效液相柱层析法等。单独选用任何一种测定法都不能完全确定蛋白质的纯度，必须同时采用 2～3 种不同的纯度测定法才能确定最终蛋白质制品的纯度。如样品在不同 pH 条件下进行电泳，都是以单一的泳速前进，并显示出一条区带，即均一性，这是蛋白质纯度的一个重要指标。另外，利用蛋白质的特殊生物学功能（如酶的活性）进行纯度鉴定是有效的方法，其灵敏度超过许多物理方法。

总之，对蛋白质纯度的鉴定，应当根据实验的要求而定。一般单独用一个条件下的一种方法来鉴定是不够的，因为蛋白质种类很多，其中有些蛋白质性质极相似，以至于在同一条件下用同一方法不能完全分开两个蛋白质。在实际工作中，最好选用两种以上的方法来鉴定。如果只有一种方法时，那就选用两种以上的条件。一般对某蛋白质的纯度要求越高，则检验纯度的方法应当越多才越可靠。

（四）重组蛋白质的分离纯化

随着 DNA 重组技术的发展，外源基因的表达已成为目前获得大量蛋白质（重组蛋白质）的常用手段。根据重组蛋白质本身的结构特点及其应用要求，可采取不同的表达策略来表达它们，并且各自具有不同的优点和缺点。例如，胞内可溶性表达，一般具有正确的结构和功能，不需要体外变性溶解和折叠复性，但通常难以得到高水平的表达，且需要复杂的纯化流程；胞内不溶性的包涵体表达，表达量高，杂蛋白质水平低，易于分离纯化，但需要体外变性溶解和折叠复性，且难以复性获得具有正确结构的功能蛋白质；分泌至细胞周质空间或细胞外的分泌表达，一般具有正确的结构和功能，其杂蛋白质水平低，纯化相对简单。

重组蛋白质的纯化与前面提到的生物组织材料中蛋白质的纯化遵循同样的原则，可以用相同的纯化策略来设计纯化流程。但对于较难纯化的蛋白质，利用 DNA 重组技术，进行目标蛋白质的融合表达，即在目标蛋白质的 N 末端或 C 末端加上亲和标签（如 6×His、GST 等），再用亲和层析进行分离纯化，已经成为蛋白质表达纯化的常用手段，一步纯化就可以得到很高的纯度，可以使蛋白质纯化 100～1 000 倍。

金属离子螯合亲和层析（IMAC）技术是基于蛋白质表面组氨酸（His）残基侧链的咪唑基，在中性和弱碱性条件下可以与固定化的金属离子（如 Ni^{2+}、Co^{2+}）以配位键结合而发生相互作用，从而使含有连续组氨酸残基序列的重组蛋白质在 IMAC 中被吸附，洗涤杂蛋白质后，可通过调节缓冲液的 pH 或添加游离咪唑来洗脱含多聚组氨酸残基序列的重组蛋白质。在金属离子螯合亲和层析纯化中，常使用 Ni-IDA 和 Ni-NTA 亲和介质。

谷胱甘肽巯基转移酶蛋白（GST）标签是最早使用的亲和标签，目标蛋白质加在 GST 的 C 端或 N 端，再利用融合蛋白中 GST 可与谷胱甘肽亲和介质特异地结合而进行纯化，通过一步简单层析，可快速而简便地纯化至接近完全均一的重组蛋白。

（五）蛋白质的分析技术

蛋白质的分析技术是指利用物理学、化学和生物学的方法，对蛋白质的性质、结构与功能进行研究的技术。它包括蛋白质浓度的分析技术、蛋白质相对分子质量的分析技术、蛋白质结构（包括一级结构和高级结构）的分析技术、蛋白质功能的分析技术等。

1. 紫外光吸收法　这是一种用紫外吸收分光光度计在紫外光区测定蛋白质的吸光度，从而推算蛋白质含量的方法。蛋白质分子中酪氨酸、色氨酸和苯丙氨酸在 280 nm 左右具有光吸收，由于在同一种蛋白质中，这几种氨基酸的含量是固定的，所以蛋白质在 280 nm 的吸光度值与蛋白质浓度成正比，可用于蛋白质含量的测定。该方法具有简便、测定迅速、样品可回收、低浓度盐无干扰等优点。但通常需要预先知道蛋白质的摩尔吸光系数，其他具有紫外吸收的物质（如核酸类）对该方法有干扰。

2. 凯氏定氮法 凯氏定氮法是一种检测物质中"氮的含量"的方法。蛋白质是一种含氮的有机化合物，蛋白质经硫酸和催化剂分解后，产生的氨能够与硫酸结合，生成硫酸铵，再经过碱化蒸馏使氨游离出来，游离氨经硼酸吸收后，再以硫酸或盐酸的标准溶液进行滴定，根据酸的消耗量再乘以换算系数，就可以推算出蛋白质浓度。

3. 福林-酚试剂法 福林-酚试剂（folin - phenol reagent）包括碱性铜试剂和磷钼酸及磷钨酸的混合试剂。碱性铜试剂与蛋白质产生双缩脲反应，反应产生的铜-蛋白质络合物在碱性条件下很容易将磷钼酸和磷钨酸还原为蓝色的钼蓝和钨蓝，所生成产物颜色的深浅与蛋白质的含量成正比。因此，在 755 nm 或 500 nm 波长下测定光吸收值，即可用于推算蛋白质含量。这个方法是 Lowry 在双缩脲法的基础上加以改进的方法，常称为 Lowry 法，具有操作简便、灵敏度高（比双缩脲法灵敏 100 倍）等优点。蛋白质可测定浓度范围为 5～250 μg/mL。但不同蛋白质的显色强度稍有不同，而且酚类物质和柠檬酸对该方法有干扰。

4. 考马斯亮蓝法（Bradford 法） 考马斯亮蓝法是一种利用蛋白质-染料结合的原理，定量地测定微量蛋白质浓度的快速、灵敏的方法。考马斯亮蓝 G-250 与蛋白质通过范德华力结合，此染料与蛋白质结合后颜色由红色形式转变成蓝色形式，最大光吸收由 465 nm 变成 595 nm，在一定蛋白质浓度范围内，染料与蛋白质形成的复合物在 595 nm 的吸光度与蛋白质浓度成正比，通过测定 595 nm 处吸光度可推算出与染料结合蛋白质的浓度。

蛋白质和染料的结合是一个很快的过程，约 2 min 即可反应完全，呈现最大光吸收，并可稳定一段时间。1 h 之后，蛋白质-染料复合物发生聚合并沉淀出来。蛋白质-染料复合物具有很高的摩尔吸光系数，在测定溶液中含蛋白质 5 μg/mL 时就有 0.275 吸光度值的变化，使该方法在测定蛋白质浓度时具有很高的灵敏度，比 Lowry 法灵敏 4 倍，测定范围为 10～100 μg 蛋白质。此方法重复性好、精确度高、线性关系好。标准曲线在蛋白质浓度较大时稍有弯曲，这是由于染料本身的两种颜色形式光谱有重叠，试剂背景值随着更多染料与蛋白质结合而不断降低，但直线弯曲程度很轻，不影响测定。

此方法干扰物少，研究表明，NaCl、KCl、$MgCl_2$、乙醇、$(NH_4)_2SO_4$ 在测定中无干扰。强碱缓冲液在测定中有一些颜色干扰，这可以用适当的缓冲液对照扣除其影响。Tris、乙酸、2-巯基乙醇、蔗糖、甘油、EDTA 及微量的去污剂（如 TritonX-100、SDS 和玻璃去污剂）在测定中有少量颜色干扰，该干扰用适当的缓冲液做对照很容易消除。但是，大量去污剂的存在对颜色影响太大而不易消除。

（六）酶活力的测定和酶促反应动力学研究技术

1. 酶活力的测定　酶活力是指酶催化某一反应的能力，酶活力的测定实际上就是酶的定量测定，它的大小可以用在一定条件下所催化的某一化学反应的反应速率来表示。酶催化的反应速率越大，酶的活力越高，反之亦然。酶催化的反应速率可用单位时间内底物的减少量或产物的增加量来表示，随着反应时间的进行，底物的减少量或产物的变化量也在发生改变。在反应刚开始阶段，单位时间内的变化量保持不变，说明反应速率恒定；反应到一定时间后，单位时间内的变化量逐渐减低，说明反应速率在下降。因此，在特定的条件下，酶的反应速率只有在一定的时间范围内才保持恒定，也只有此阶段的平均反应速率（初速率 V_0）才能真正地体现酶的活力。在具体的实验中，可以通过酶反应的时间作用曲线来寻找 V_0。

测定酶活力的方法主要是根据产物或底物的物理或化学特性来测定单位时间内底物减少量或产物增加量，主要方法有以下 4 种：

（1）分光光度法。该法主要利用底物、产物或指示剂在紫外或可见光部分吸光度的不同，选择一种适当的波长，测出反应前后或反应过程中光吸收度的变化，推算出底物或产物浓度的变化，从而求得酶活力。例如，磷酸酶能水解底物分子上的磷酸基团从而使底物分子脱磷酸化。小分子化合物对硝基酚磷酸能被磷酸酶水解为对硝基酚和游离的磷酸基团。对硝基酚磷酸在碱性条件下为无色化合物，而对硝基酚为黄色化合物，在 410 nm 处有光吸收值，因此可测定 410 nm 处光吸收的变化，用于推算对硝基酚浓度的变化，以求出磷酸酶活力。

（2）荧光法。该法利用底物、产物荧光性质的差别，测定反应过程中反应体系荧光强度的变化，从而求出酶活力。

（3）同位素测定法。用放射性同位素标记底物，经酶作用后所得到的产物，通过适当分离，测定产物的放射性即可推算出酶的活力。

（4）电化学方法。用 pH 计跟踪 H^+ 浓度的变化，用 pH 的变化来测定酶的反应速率。

以上 4 种主要的测酶活力方法各有优缺点。例如，分光光度法操作简便，节省时间和样品，可用于动力学监测，但灵敏度相对较低；荧光法灵敏度高，但易受其他物质（特别是蛋白质）干扰；同位素测定法灵敏度高，但操作复杂，费用较高，易造成环境污染；电化学方法操作比较简便，但仅适用于有

H^+ 生成或消耗的反应，应用面窄。

2. 酶促反应动力学研究 在温度、pH 及酶浓度恒定的条件下，底物浓度对酶的催化作用有很大的影响。在一般情况下，当底物浓度很低时，酶促反应的速率（V）随底物浓度（S）的增加而迅速增加。但当底物浓度继续增加时，反应速率的增加率比较小。当底物浓度增加到某种程度时，反应速率达到一个极限值（最大速率 V_{max}）。

3. 激活剂和抑制剂对酶的影响作用研究 酶的活力可以被某些物质激活或抑制，凡能使酶活性提高的物质都称为激活剂，能降低酶的活性甚至使酶失活的物质称为酶的抑制剂。激活剂大部分是离子或简单的有机化合物。如 Mg^{2+} 是多种激酶和合成酶的激活剂，DTT 可还原酶被氧化的基团，使酶活力增加，也被视为酶的激活剂。通常酶对激活剂有一定的选择性，且有一定的浓度要求，一种酶的激活剂对另一种酶来说可能是抑制剂，当激活剂的浓度超过一定的范围时，它就成为抑制剂。抑制剂对酶的抑制作用也具有选择性，一种抑制剂只能对一类酶产生抑制作用。因此，研究激活剂和抑制剂对酶活的影响具有重要的理论意义和实践应用价值。

酶的抑制剂大致上分为可逆抑制剂和不可逆抑制剂两大类。可逆抑制剂又可分为竞争性抑制剂、非竞争性抑制剂和反竞争性抑制剂等。在有抑制剂存在的条件下，酶的一些动力学性质（如 K_m、V_{max} 等）可发生改变。

竞争性抑制剂：这些抑制剂的化学结构与底物相似，因而能和底物竞争与酶的底物结合部位的结合，当抑制剂与酶的底物结合部位结合后，底物被排斥在反应中心之外，抑制剂与酶的复合物不能分解成产物，其结果是酶促反应被抑制。竞争性抑制剂的作用特点是使酶的 K_m 值增大，但对酶促反应最大速率即 V_{max} 值无影响。在竞争性抑制剂存在时，林-贝氏双倒数直线斜率增大，但仍以相同的截距与 $1/V$ 轴相交。

非竞争性抑制剂：酶可同时与底物及这类抑制剂结合，形成的三元复合物不能进一步分解为产物，导致酶活性下降。抑制剂的结合位点与底物结合位点不同。非竞争性抑制剂的作用特点是不影响底物与酶的结合，故其 K_m 值不变，然而能降低其最大速率 V_{max}，在非竞争性抑制剂存在时，林-贝氏双倒数直线斜率也增大，但以相同的截距与 $1/[S]$ 轴相交。

反竞争性抑制剂：酶只有与底物结合后，才能与这类抑制剂结合，形成的复合物不能分解为产物。抑制剂的结合位点与底物结合位点不同。反竞争性抑制剂的作用特点是同时降低 K_m 值与反应最大速率 V_{max}。在非竞争性抑制剂存在时，林-贝氏双倒数直线斜率不变，所得到的是一组平行线。

4. pH 对酶的影响作用研究 酶作为蛋白质具有许多可解离的极性基团，在不同的酸碱环境中，这些基团的解离状态不同，所带电荷不同，而它的解离状态对保持酶的结构、底物与酶的结合能力以及催化能力都有重要作用，因此溶液的 pH 对酶活性影响很大。若其他条件不变，酶只有在一定的 pH 范围内才能表现催化活性，且在某一 pH 时，酶的催化活性最大，此 pH 称为酶的最适 pH。各种酶的最适 pH 不同，但多数在中性、弱酸性或弱碱性范围内，如植物和微生物所含的酶，其最适 pH 多为 4.5～6.5；动物体内酶最适 pH 多为 6.5～8.0。当然也有例外，如胃蛋白酶的最适 pH 为 1.5，这也与其所处的酸性环境相适应。

5. 温度对酶的影响作用研究　化学反应速率一般都受温度影响，反应速率随温度的升高而加快，但在酶促反应中，随着温度的升高，蛋白质的变性速率也在加快，从而使反应速率减慢直至酶完全失活。因此，在酶催化的反应中，升高温度既可以使反应速率加快，又会引起酶的失活而降低反应速率，只有在某一温度时，酶促反应的速率最大，此时的温度称为酶作用的最适温度。需要注意的是，体外实验时，酶作用的最适温度不是一个恒定不变的常数，而与反应时间、底物类型等因素有关，这说明酶的最适温度只是在一定条件下才有意义。

6. 蛋白质结构的分析技术　监测蛋白质构象变化的手段很多，一般实验室常用的手段是紫外差分吸收光谱、荧光光谱和圆二色光谱等。紫外差分吸收光谱一般利用双光路紫外/可见光谱仪，以天然蛋白质为对照，测定变性或复性蛋白质的紫外吸收光谱与天然蛋白质的紫外吸收光谱的差谱，它主要反映蛋白质在变性或复性过程中整体空间构象的变化。

荧光光谱利用蛋白质中的芳香族氨基酸（酪氨酸、色氨酸和苯丙氨酸）残基的侧链基团具有吸收紫外区域的入射光从而发射荧光的特性，来研究蛋白质在变性或复性过程中整体空间构象的变化。其基本机理：荧光来源于生色团基团在不同电子能级之间的跃迁，荧光频率取决于能级之间的能量差，生色团基团与周围基团的相互作用可能会改变其处于激发态时所具有的能量，从而改变其发射荧光的频率与强度。同一种荧光分子在不同极性的环境中，其最大吸收波长 λ_{max} 可能会有所差别。一般来说，极性环境会影响生色团基团的基态和激发态能级，减少激发态的能量，从而引起发射谱的红移（使 λ_{max} 增大）。在天然的蛋白质中，可产生荧光的芳香族氨基酸分子多处于蛋白质的内部，被多种非极性氨基酸残基包围，因此其所处的局部小环境的极性弱于蛋白质分子外部水溶液的极性。蛋白质变性过程中，芳香族氨基酸分子的侧链基团逐渐暴露于水溶液中，其所处的环境极性逐渐增加，因此蛋白质荧光发射峰的 λ_{max} 逐渐增大，λ_{max} 红移的程度可以反映蛋白质构象变化的程度，红移程度越大，表明蛋白质在变性过程中构象变化的程度越大。反过来，蛋白质复性过程中，芳香族氨基酸分子的侧链逐渐内埋于蛋白质内部，其所处的环境极性逐渐降低，因此蛋白质荧光发射峰的 λ_{max} 逐渐减小，称为 λ_{max} 的蓝移。通过测定蛋白质 λ_{max} 蓝移的程度，可以推算其整体构象变化的程度。

圆二色光谱主要用以研究蛋白质在变性（复性）过程中二级结构的变化。其基本原理请参考相关文献。由于各种蛋白质二级结构（如 α 螺旋、β 折叠等）均具有特定的圆二色光谱，各种二级结构对总谱的贡献具有加和效应，而三级结构对圆二色光谱的贡献为零，所以由圆二色光谱可以确定蛋白质或多肽的二级结构，该方法实际上是确定蛋白质或多肽中处于各种二级结构的氨基酸残基数的百分比。蛋白质在变性和复性的过程中，其圆二色光谱的变化可以直接反映蛋白质二级结构的变化，一般来说，蛋白质变性的程度越大，在 200～250 nm 范围内，其圆二色光谱更加接近基线（椭圆率为 0 的直线）。

蛋白质变性和复性的研究在蛋白质分离纯化中的应用是包涵体的纯化，大肠杆菌中重组蛋白质的高表达常常导致无活性的包涵体的产生。虽然包涵体是无活性蛋白质的聚沉物，但是它富含重组蛋白质而且易于纯化，能有效抵御宿主体内蛋白酶的降解。此外，如果表达产物在天然状态下对宿主细胞有毒性，使它以包涵体形式产生无疑可降低其毒性。因此，包涵体的产生对蛋白质的纯化来说未必是一件坏事，但包涵体本身不是有生物学活性的蛋白质，要想得到有生物学活性的蛋白质，必须对包涵体进一步处理。

通常包涵体的处理包括 3 个主要步骤：包涵体的分离与洗涤；蛋白质沉淀的溶解；溶解蛋白的再折叠（复性）。由于错误折叠和聚沉的影响，再折叠过程是整个工作的关键。包涵体溶解后的复性方法主要是将多余的变性剂除掉，使蛋白质进行自发的复性，可以选择的方法有稀释、透析、超滤、凝胶色谱和固定化等。对于小规模的折叠研究来说，稀释法是最简单常用的操作；而对工业生产来说，稀释法的缺点是需要大量的稀释溶液以及需要后续的蛋白质浓缩过程。近年来，固定化复性方法由于减少了分子间相互作用，从而提高了蛋白质的折叠效率。例如，将蛋白质加上 His 标签（His‐tag），在变性条件下固定到镍柱上，去除变性剂，使蛋白质在发生再折叠后被洗脱下来，对许多蛋白质来说这是一种非常有效的方法。可帮助蛋白质复性的一些辅助分子，如分子伴侣、折叠酶、小分子伴侣等也已经被应用于包涵体的复性工作中。

第三章　生物化学基础实验

实验一　蛋白质及氨基酸的呈色反应

一、实验目的

掌握蛋白质发生各种颜色反应的原理及具体操作方法。

二、实验原理

蛋白质中的某种或某些基团与显色剂作用，可产生特定的颜色反应。不同蛋白质所含氨基酸不同，其颜色反应不同。颜色反应不是蛋白质的专一反应，一些非蛋白质也可产生相同的颜色反应，因此不能仅根据颜色反应的结果决定被测物质是否为蛋白质。颜色反应是一些常用的蛋白质定量测定的依据。

1. 双缩脲反应　将尿素加热到180℃，则两分子的尿素缩合形成一分子双缩脲，并放出一分子氨。双缩脲在碱性溶液中能与硫酸铜反应产生紫红色配合物，此反应称为双缩脲反应。蛋白质分子中含有许多与双缩脲结构相似的肽键，因此也能发生双缩脲反应，形成紫红色配合物。通常可用此反应来定性鉴定蛋白质。

紫红色配合物

2. 茚三酮反应　除脯氨酸、羟脯氨酸和茚三酮反应产生黄色物质外，所有 α-氨基酸及一切蛋白质都能与茚三酮反应生成蓝紫色物质。该反应分两步进行，首先是氨基酸被氧化，产生 CO_2、NH_3 和醛，而水和茚三酮被还原为还原型茚三酮，然后是还原型茚三酮、另一分子水和茚三酮与 NH_3 缩合生成有色物质。β-丙氨酸、氨和许多一级胺都呈阳性反应。尿素、马尿酸和肽键上的亚氨基不呈现此反应。因此，虽然蛋白质和氨基酸均有茚三酮反应，但能与茚三酮呈阳性反应的不一定就是蛋白质或氨基酸。在定性、定量测定中，应严防干扰物存在。

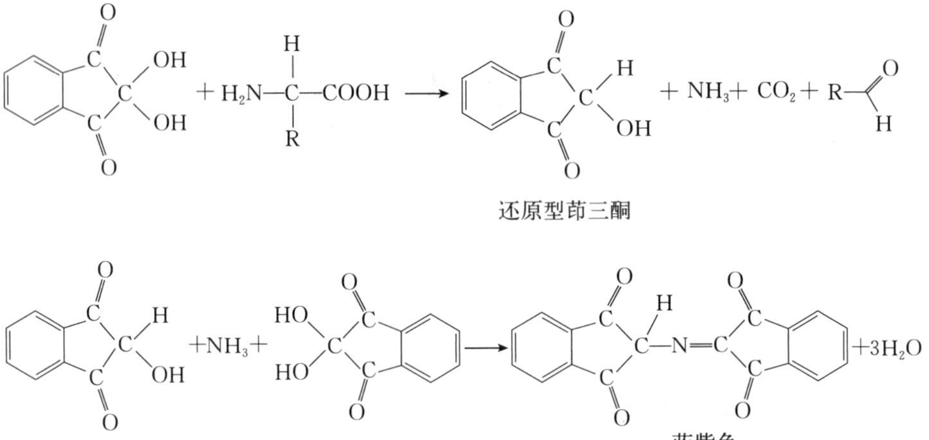

还原型茚三酮

蓝紫色

3. 黄色反应　蛋白质的黄色反应是指含有芳香族氨基酸，特别是含酪氨酸和色氨酸的蛋白质所特有的呈色反应。蛋白质溶液遇硝酸后，先产生白色沉淀，加热则白色沉淀变成黄色，再加碱则颜色加深。这是因为硝酸将蛋白质分子中的苯环硝化，产生了黄色的硝基苯衍生物橘黄色硝醌酸。

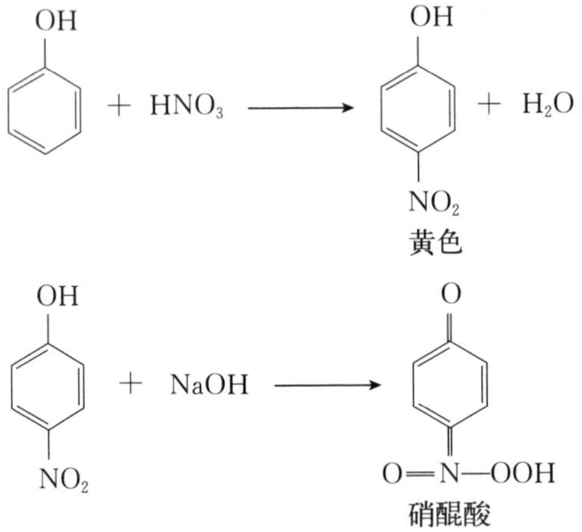

黄色

硝醌酸

三、实验器材与试剂

1. 实验器材　试管、滴管、滤纸。

2. 试剂

（1）20 g/L 卵清蛋白或新鲜鸡蛋清溶液（蛋清：水＝1：9）。

（2）尿素。

（3）100 g/L 氢氧化钠溶液。

（4）10 g/L 硫酸铜溶液。

（5）5 g/L 甘氨酸溶液。

（6）1 g/L 茚三酮水溶液。

（7）1 g/L 茚三酮-乙醇溶液。

（8）浓硝酸。

四、实验步骤

1. 双缩脲反应

（1）取少许尿素，放入干燥试管中，微火加热，尿素反应形成双缩脲，释放出氨，至试管内有白色固体出现，停止加热，冷却。然后，加 100 g/L 氢氧化钠溶液 1 mL，混匀，再加 10 g/L 硫酸铜溶液 3 滴，观察是否出现粉红色。

（2）另取一支试管，加卵清蛋白溶液 1 mL 和 100 g/L 氢氧化钠溶液 2 mL，混匀，再加 10 g/L 硫酸铜溶液 2 滴，观察是否出现紫玫瑰色。

2. 茚三酮反应

（1）取 2 支试管，分别加入蛋白质溶液和甘氨酸溶液 1 mL，再各加 0.5 mL 1 g/L 茚三酮水溶液，混匀，在沸水浴中加热 1～2 min，观察颜色由粉色变紫红色再变蓝色。

（2）在一小块滤纸上滴 1 滴 5 g/L 甘氨酸溶液，风干后，再在原处滴 1 滴 1 g/L 茚三酮-乙醇溶液，在微火旁烘干显色，观察紫红色斑点的出现。

3. 黄色反应

（1）取 1 支试管，加鸡蛋清溶液 1 滴及浓硝酸 2 滴，由于强酸作用，出现蛋白质沉淀。用微火加热，沉淀变为黄色。冷却后，逐滴加入 100 g/L 氢氧化钠溶液至碱性，观察颜色变化。

（2）剪一些指甲或头发放入试管，加入数滴浓硝酸，观察颜色变化。

五、思考题

1. 双缩脲反应、茚三酮反应、黄色反应的基本原理各是什么？其中，每一种呈色反应适用的对象是什么？各有什么不同？检测的灵敏度如何？

2. 在双缩脲反应中，如果加入过量的硫酸铜试剂，会对实验结果造成什么影响？

3. 茚三酮呈色反应能否用来检测微量氨基酸的存在？为什么？它的呈色效果有几种？各是什么？

4. 黄色反应在检测苯丙氨酸或含有较多苯丙氨酸的蛋白质时，需采取什么措施？

5. 试举出以上方法的实际应用例子。

6. 除了以上几种代表性的蛋白质和氨基酸呈色反应方法外，能否举出更多其他的呈色反应或检测方法？

实验二　蛋白质的等电点测定和沉淀反应

蛋白质等电点的测定

一、实验目的

1. 了解蛋白质的两性解离性质。
2. 学习测定蛋白质等电点的方法。

二、实验原理

蛋白质由氨基酸组成，蛋白质分子除两端的氨基和羧基可解离外，氨基酸残基侧链中某些基团，在一定的溶液 pH 条件下都可解离成带负电荷或正电荷的基团，因此蛋白质是两性电解质，也可以把蛋白质看作是一个多价离子，其所带电荷的性质和数量由蛋白质分子中可解离基团的解离性质与溶液的 pH 所决定。对某一种蛋白质来说，当溶液的 pH 达到一定数值时，该蛋白质所带有的正电荷与负电荷的数目相等，即净电荷为零，此时浴液的 pH 称为该蛋白质的等电点（isoelectric point）（pI）。当溶液的 pH 大于蛋白质的 pI 时，蛋白质带负电荷，pH 与 pI 之间的差距越大，蛋白质所带的负电荷越多；当溶液的 pH 小于蛋白质的 pI 时，蛋白质带正电荷。pH 与 pI 之间的差距越大，蛋白质所带的正电荷越多。每种蛋白质具有其特定的等电点。在等电点时，蛋白质具有一些特殊的理化性质。例如，在电场中保持静止状态，既不向阴极移动，也不向阳极移动，蛋白质胶体溶液的稳定性最差，蛋白质溶解度最低，易聚集沉淀等，可利用这些性质测定蛋白质的等电点。最简单实用的方法是测蛋白质溶解度最低时的溶液 pH，作为该蛋白质的等电点。该方法的优点是操作简便，缺点是当 pH 在小范围内变化时，蛋白质沉淀程度的差异难以用肉眼观测出来，实验误差较大。

本实验通过观察在不同 pH 溶液中酪蛋白的沉淀情况，以测定酪蛋白的等电点。用醋酸与醋酸钠（醋酸钠混合在酪蛋白溶液中）配制成具有不同 pH 的缓冲液。向各缓冲液中加入酪蛋白，观察沉淀情况，沉淀出现最多的缓冲液的 pH 即为酪蛋白的等电点。

三、实验器材与试剂

1. **实验器材**　恒温水浴、天平、pH 计、100 mL 容量瓶、吸管、试管、试管架、研钵、温度计、量筒、200 mL 锥形瓶、微量移液器与吸头。

2. 试剂

（1）4 g/L 酪蛋白醋酸钠溶液。取 0.4 g 酪蛋白，加少量水在研钵中仔细地研磨，将所得的蛋白质悬胶液移入 200 mL 锥形瓶内，用少量 40～50℃ 的温水洗涤研钵，将洗涤液移入锥形瓶内。锥形瓶中加入 1 mol/L 醋酸钠溶液10 mL，并置于 50℃ 水浴中，小心地晃动锥形瓶，直到酪蛋白完全溶解为止。将锥形瓶内的溶液全部移至 100 mL 容量瓶内，用少量温水洗涤锥形瓶，移入容量瓶中，加水至容量瓶刻度处，塞紧玻璃塞并混匀。

（2）1.00 mol/L 醋酸溶液。

（3）0.10 mol/L 醋酸溶液。

（4）0.01 mol/L 醋酸溶液。

四、实验步骤

（1）取同样规格的试管 3 支，编号后按表 1 顺序分别精确地加入各试剂，振荡混匀。

表 1　各试剂加入量

管号	蒸馏水（mL）	0.01 mol/L 醋酸溶液（mL）	0.10 mol/L 醋酸溶液（mL）	1.00 mol/L 醋酸溶液（mL）
1	7.4	—	—	1.6
2	8.0	—	1.0	—
3	8.4	0.6	—	—

（2）向以上试管中各加入 4 g/L 酪蛋白醋酸钠溶液 1 mL，立即摇匀。此时 1 管、2 管、3 管中蛋白质溶液的 pH 依次为 3.5、4.7、5.9（可用 pH 计进行验证）。观察各试管中液体的浑浊度并做记录（浑浊度可用"＋、＋＋、＋＋＋"等表示）。静置 10 min 后，再次观察其浑浊度及试管底部出现沉淀的数量。

（3）根据浑浊度的变化情况判断酪蛋白的等电点（开始混匀后浑浊度最高、静置后沉淀最多的试管中溶液的 pH 即为酪蛋白的等电点）。

蛋白质的沉淀与变性

一、实验目的

1. 加深对蛋白质胶体溶液稳定因素的认识。

2. 了解使蛋白质沉淀的几种方法及其实践意义。

3. 了解蛋白质变性与沉淀的关系。

二、实验原理

在水溶液中，球状蛋白质的疏水基团借疏水作用聚合在分子内部，而亲水基团则分布于蛋白质表面与周围水分子结合形成水化层（hydration mantle），同时蛋白质表面的可解离基团带有相同的净电荷，与其周围的反离子构成稳定的双电层（electric double layer）。蛋白质溶液由于具有水化层和双电层两方面的稳定因素，所以成为稳定的胶体系统。蛋白质在溶液中的稳定性受到外界因素的影响，任何影响蛋白质的带电特性和水化作用的因素都会影响蛋白质溶液的稳定性，在适当的条件下，蛋白质分子就会因失去电荷和脱水而从溶液中沉淀出来。

蛋白质的沉淀可分为以下两类：

（1）可逆沉淀：在温和条件下，通过改变溶液的 pH 或盐浓度等，使蛋白质从胶体溶液中沉淀出来。在沉淀过程中，蛋白质的结构和性质都没有发生显著变化，在适当的条件下，蛋白质可以重新溶解形成溶液，所以可逆沉淀又称为非变性沉淀。可逆沉淀是分离纯化蛋白质的基本方法，如等电点沉淀法、盐析法等都属于可逆沉淀，在低温下使用有机溶剂（如乙醇或丙酮）短时间作用于蛋白质也可以使蛋白质发生可逆沉淀。

（2）不可逆沉淀：在强烈沉淀条件下，蛋白质胶体溶液的稳定性较差，使蛋白质沉淀出来。由于这种强烈的沉淀条件同时破坏了蛋白质的结构，产生的蛋白质沉淀不能再重新溶解于水，所以不可逆沉淀又称为变性沉淀。如加热沉淀、重金属盐沉淀、有机酸沉淀和生物碱沉淀等都属于不可逆沉淀。

蛋白质的变性指蛋白质在物理（高温、高压）、化学（酸碱、变性剂）作用下，高级结构遭到破坏，其理化性质和生物功能同时发生改变的过程与现象。变性的蛋白质容易相互聚集形成沉淀，但是在有些情况下，当维持溶液稳定的条件仍然存在时（如电荷），蛋白质并不沉淀。因此，变性蛋白质并不一定都表现为沉淀，而沉淀的蛋白质也未必都已变性。

三、实验器材与试剂

1. 实验器材 天平、玻璃漏斗、量筒、滤纸、吸管、试管与试管架、微量移液器与吸头等。

2. 试剂

（1）蛋白质溶液。50 g/L 卵清蛋白溶液或鸡蛋清的水溶液（新鲜鸡蛋清：水＝1∶9）。

（2）30 g/L 硝酸银溶液。

（3）50 g/L 三氯乙酸溶液。

（4）95％乙醇。

四、实验步骤

1. 重金属离子沉淀蛋白质 取 1 支试管，加入蛋白质溶液 2 mL，再加入 30 g/L 硝酸银溶液 1～2 滴，振荡试管使液体混匀，观察沉淀的生成。试管静置片刻，弃去上清液，向沉淀中加入少量的水，观察沉淀是否溶解并解释原因。

2. 有机酸沉淀蛋白质 取 1 支试管，加入蛋白质溶液 2 mL，再加入 1 mL 50 g/L 三氯乙酸溶液，振荡试管使液体混匀，观察沉淀的生成。试管静置片刻，弃去上清液，向沉淀中加入少量的水，观察沉淀是否溶解并解释原因。

3. 有机溶剂沉淀蛋白质 取 1 支试管，加入蛋白质溶液 2 mL，再加入 2 mL 95％乙醇，振荡试管使液体混匀，观察沉淀的生成。

尿蛋白定性检验——磺基水杨酸法

一、实验目的

了解蛋白质的变性与沉淀反应的实践意义，掌握常规的临床定性检验尿蛋白的方法。

二、实验原理

正常人尿中只含微量蛋白质，但不能用常规的临床方法检测出来。用常规的临床方法能查出蛋白质的尿称为尿蛋白，患肾疾病（如肾小球肾炎、肾盂肾炎）的人尿液中往往有尿蛋白，因而尿液中蛋白质的检测在临床上具有重要的诊断意义。

检测尿蛋白的常规临床方法包括加热醋酸法、磺基水杨酸法、试纸法等。加热醋酸法的原理是尿中的蛋白质加热变性后溶解度降低，因而沉淀析出，加入醋酸使尿液呈弱酸性后，蛋白质仍不易溶解，但加热引起的磷酸盐浑浊可在加入醋酸后消失，故可以消除磷酸盐浑浊的干扰，本方法干扰因素少，结果可靠，缺点是灵敏度稍低。磺基水杨酸法的原理是利用有机酸沉淀蛋白质，酸根阴离子与带正电的蛋白质作用生成不溶性的蛋白盐，此法灵敏度很高，尿中蛋白质含量为 0.015 g/L 即可检出，缺点是多种因素可致反应呈现假阳性。试纸法的原理是蛋白质与有机染料（如溴酚蓝）的离子结合，可改变染料的颜色，将上述染料附着在滤纸上面制成蛋白试纸，当它接触含有蛋白质的溶液时，因蛋白质含量不同，试纸可以由黄色变成黄绿色、绿色或蓝绿色，可根据颜色估计蛋白质的量，该方法干扰因素少，操作快速简便，缺点是灵敏度低，强碱性尿有假阳性反应。

三、实验器材与试剂

1. 实验器材　量筒、酒精灯、试管、试管架与试管夹、吸管。

2. 试剂

（1）新鲜尿液。

（2）200 g/L 磺基水杨酸溶液。

四、实验步骤

取 3 mL 尿液加入试管中，加入 200 g/L 磺基水杨酸溶液 8～10 滴，如出现沉淀，表示尿中有蛋白质存在。

五、思考题

1. 什么称为蛋白质的等电点？什么称为蛋白质的变性？
2. 什么称为蛋白质的沉淀反应？蛋白质的沉淀反应有什么实用意义？
3. 设计其他测定蛋白质等电点的方法。

实验三　酪蛋白的制备

一、实验目的

学习从牛奶中制备酪蛋白的原理和方法。

二、实验原理

牛奶中主要的蛋白质是酪蛋白，其含量约为 35 g/L。酪蛋白是一些含磷蛋白质的混合物，等电点为 4.7。利用等电点时溶解度最低的原理，将牛奶的 pH 调至 4.7，酪蛋白就会沉淀析出。酪蛋白不溶于乙醇、乙醚等溶剂，因此可以用乙醇和乙醚洗涤沉淀物，除去脂质杂质后便可得到纯度较高的酪蛋白。

三、实验器材与试剂

1. 实验器材　离心机、抽滤装置、天平、电炉、pH 计或精密 pH 试纸、表面皿、烧杯、温度计、量筒、玻璃棒。

2. 试剂、材料

（1）牛奶。

（2）0.2 mol/L 醋酸钠溶液（A 液）。

（3）0.2 mol/L 醋酸溶液（B 液）。

（4）0.2 mol/L 醋酸-醋酸钠缓冲液（pH 4.7）。将 1 770 mL A 液与 1 230 mL B 液混合即得 pH 4.7 的 0.2 mol/L 醋酸-醋酸钠缓冲液。

四、实验步骤

（1）将 10 mL 牛奶加热至 40℃，在搅拌条件下慢慢加入 100 mL 预热至 40℃的 0.2 mol/L 醋酸-醋酸钠缓冲液（pH 4.7），使用精密 pH 试纸或酸度计检测 pH，用适量 0.2 mol/L 醋酸溶液调 pH 至 4.7，观察实验现象。将实验所得悬浊液冷却至室温。离心 15 min（离心机转速 3 000 r/min），弃去上清液，得酪蛋白粗制品。

（2）用少量水洗涤沉淀 3 次，每次洗涤后离心 10 min（3 000 r/min），弃去上清液。

（3）在沉淀中加入 30 mL 乙醇，洗涤 2 次。

（4）将沉淀摊在表面皿上风干，即得酪蛋白纯品。

（5）用天平称重，计算酪蛋白含量和得率。

酪蛋白含量单位：g/100 mL

酪蛋白得率计算公式：（测得含量/理论含量）×100％

公式中理论含量为 3.5 g/100 mL。

五、思考题

1. 制备高产率的纯酪蛋白的关键是什么？
2. 实验步骤（2）中能否用大量的水洗涤，为什么？
3. 用乙醇洗涤的目的是什么？

实验四　酵母核糖核酸的分离及组分鉴定

一、实验目的

1. 学习稀碱法提取 RNA 的原理和操作方法。

2. 了解核酸的组成，并掌握鉴定核酸组分的方法。

二、实验原理

酵母中 RNA 含量较高，占菌体质量的 $2.67\% \sim 10.0\%$，而干扰物质 DNA 的含量较少，仅占菌体质量的 $0.03\% \sim 0.516\%$。因此，酵母是提取 RNA 较为理想的材料。RNA 可溶于稀碱溶液。在碱性提取液中，利用加热煮沸的方法使蛋白质变性，通过离心技术除去蛋白质。RNA 溶液 pI 较低，为 $2.0 \sim 2.5$，利用 RNA 在乙醇中溶解度低的性质，加入酸性乙醇使 RNA 从溶液中沉淀出来，由此即可得到 RNA 的粗制品。RNA 在强酸和高温条件下可被降解为核糖、磷酸、嘌呤碱和嘧啶碱等组分。用苔黑酚、定磷试剂和硝酸银可分别鉴定 RNA 水解液中核糖、磷酸和嘌呤碱的存在。

定糖法：RNA 分子中的核糖与浓盐酸（浓硫酸）作用脱水生成糠醛，糠醛与苔黑酚在 Fe^{3+} 催化下，缩合而生成鲜绿色复合物。

定磷法：强酸将核酸样品消化，使核酸分子中的有机磷转变为无机磷，无机磷与钼酸反应生成磷钼酸，磷钼酸在还原剂（抗坏血酸）作用下还原成钼蓝。

嘌呤碱的鉴定：嘌呤碱与硝酸银作用生成白色的嘌呤银沉淀。

三、实验器材与试剂

1. 实验器材　电子天平、紫外分光光度计、量筒、低速离心机、吸量管、三角瓶、电磁炉、不锈钢锅。

2. 试剂、材料

（1）0.2% NaOH 溶液。

（2）95% 乙醇。

（3）酵母粉。

（4）10% 硫酸溶液。

（5）浓氨水。

（6）0.1 mol/L AgNO$_3$ 溶液。

（7）酸性乙醇溶液：10 mL 浓盐酸加到 1 000 mL 乙醇中混匀。

（8）FeCl$_3$ 浓盐酸溶液：1 mL 10％FeCl$_3$ 加到 200 mL 浓盐酸中混匀。

（9）苔黑酚-乙醇溶液：将 6 g 苔黑酚溶于 100 mL 95％乙醇中，冰箱中保存。

（10）定磷试剂。

A. 17％ H$_2$SO$_4$：将 17 mL 浓硫酸缓缓加入 83 mL 蒸馏水中。

B. 2.5％钼酸铵溶液：将 2.5 g 钼酸铵溶于 100 mL 蒸馏水中。

C. 10％抗坏血酸溶液：将 10 g 维生素 C 溶于 100 mL 蒸馏水中，用棕色瓶储存。

临用时，将 3 种溶液和水按下列比例混合：17％ H$_2$SO$_4$：2.5％钼酸铵：10％抗坏血酸：水＝1：1：1：2（体积比）。

四、实验步骤

1. 酵母 RNA 的提取　将 5 g 干酵母粉置于锥形瓶中，加入 40 mL 0.2％ NaOH 溶液，在沸水浴上加热 30 min，经常搅拌。冷却至室温后，以 3 000 r/min 的转速离心 10～15 min。将上清液缓缓倾入 40 mL 酸性乙醇溶液中。加毕，静置，待 RNA 沉淀完全后，以 3 000 r/min 的转速离心 3 min，弃去上清液。用乙醇洗涤沉淀并过滤，所得滤渣即为 RNA 粗制品。

2. RNA 的水解及组分鉴定　取 200 mg 提取的核酸，加入 10％硫酸溶液 10 mL，在沸水浴中加热 10 min 制成水解液并进行组分的鉴定。

（1）嘌呤碱。取水解液 1 mL 加入过量浓氨水，然后加入约 1 mL 0.1 mol/L 硝酸银溶液，观察有无嘌呤碱的银化合物沉淀。

（2）核糖。取 1 支试管，加入水解液 1 mL、三氯化铁浓盐酸溶液 2 mL 和苔黑酚-乙醇溶液 0.2 mL，放沸水浴中 10 min，注意溶液是否变成绿色。

（3）磷酸。取 1 支试管，加入水解液 1 mL 和定磷试剂 1 mL。在水浴中加热，观察溶液是否变成蓝色。

五、思考题

1. 为什么用稀碱溶液可以使酵母细胞裂解？

2. RNA 提取过程中的关键步骤及注意事项有哪些？

3. 如何得到高产量 RNA 粗制品？

4. 本实验 RNA 组分是什么？怎样验证的？

实验五　甲醛滴定法测定氨基氮

一、实验目的

1. 了解甲醛滴定法测定氨基氮含量的意义。

2. 初步掌握甲醛滴定法测定氨基氮含量的原理和操作要点。

二、实验原理

氨基酸是两性电解质，在水溶液中存在如下平衡：

$$R—CH—COO^- \rightleftharpoons R—CH—COO^- + H^+$$
$$\quad\ |\qquad\qquad\qquad\quad |$$
$$\quad NH_3^+ \qquad\qquad\qquad NH_2$$

$—NH_3$ 是弱酸，完全解离时 pH 为 11～12 或更高，若用碱滴定$—NH_3$ 所释放的 H^+ 来测定氨基酸，一般指示剂变色域 pH 小于 10，很难准确指示终点。例如，甲基黄：2.9（红）～4.0（黄）；甲基橙：3.1（红）～4.4（黄）；甲基红：4.2（红）～6.2（黄）；酚酞：8.0（无）～9.6（红）。

如果用甲醛处理氨基酸，在常温下，甲醛能迅速与氨基酸的氨基结合，生成羟甲基和二羟甲基氨基酸，使平衡向右移动，促使$—NH_3$ 释放 H^+，从而使溶液的酸度增加，中和滴定终点移至酚酞的变色域内（pH 9.0 左右）。因此，可用酚酞作指示剂，用氢氧化钠标准溶液滴定。在整个滴定过程中，酚酞不与甲醛发生作用。

如样品为一种已知的氨基酸，由甲醛滴定的结果可计算出氨基氮的含量。如样品为多种氨基酸的混合物（如蛋白质水解液），则滴定结果不能作为氨基酸的定量依据。由于此法简单快速，常用来测定蛋白质的水解程度，随着水解程度的增加，滴定值也增加，当滴定值不再增加时，表示水解作用已完全。

三、实验器材与试剂

1. 实验器材　锥形瓶、滴定管。

2. 试剂、材料

（1）0.1 mol/L 的标准甘氨酸溶液。

（2）酚酞指示剂。

（3）甲醛。

（4）未知浓度甘氨酸溶液。

（5）0.1 mol/L 标准氢氧化钠溶液。

四、实验步骤

1. 标准甘氨酸溶液滴定　取 3 个锥形瓶，编号。向 1 号、2 号瓶内各加入 2 mL 0.1 mol/L 的标准甘氨酸溶液和 5 mL 水，混匀。向 3 号瓶内加入 7 mL 水，然后向 3 个瓶中各加入 5 滴酚酞指示剂，混匀后各加 2 mL 甲醛溶液，再混匀，分别用 0.1 mol/L 标准氢氧化钠溶液滴定至溶液显微红色。重复以上实验 2 次，记录每次每瓶消耗标准氢氧化钠溶液的体积（以 mL 计）。取平均值，计算甘氨酸氨基氮的回收率。

2. 未知浓度甘氨酸溶液滴定　取未知浓度的甘氨酸溶液 2 mL，依上述方法进行测定，平行做几份，取平均值。计算每毫升甘氨酸溶液中含有氨基氮的质量（以 mg 计）。

3. 结果处理

（1）甘氨酸氨基氮回收率（％）＝（实际测得量/加入理论量）×100％

（2）氨基氮含量（mg/mL）＝$(V_\text{未} - V_\text{标}) \times C_\text{NaOH} \times 14.008/2$

式中：

$V_\text{未}$——滴定为止浓度甘氨酸溶液所消耗氢氧化钠溶液的体积；

$V_\text{标}$——滴定标准甘氨酸溶液所消耗氢氧化钠溶液的体积。

五、思考题

1. 滴定时如何判断滴定终点？

2. 使用甲醛溶液时需注意什么？

实验六　维生素 C 的定量测定

一、实验目的

掌握 2,6 -二氯酚靛酚法测定维生素 C 含量的原理和方法。

二、实验原理

维生素 C 是人类膳食中必需的维生素之一，如果缺乏维生素 C，将导致坏血病发生。因此，维生素 C 又称为抗坏血酸，有防治坏血病的功效。抗坏血酸在自然界分布广泛，存在于新鲜水果和蔬菜中，尤其在柑橘、草莓、山楂、辣椒等中含量极为丰富。维生素 C 具有很强的还原性，在碱性溶液中加热并有氧化剂存在时，易被氧化而破坏。在酸性环境中，抗坏血酸能将染料 2,6 -二氯酚靛酚还原成无色的还原型 2,6 -二氯酚靛酚，而抗坏血酸则被氧化成脱氢抗坏血酸。氧化型的 2,6 -二氯酚靛酚在中性或碱性溶液中呈蓝色，但在酸性溶液中呈粉红色。因此，当用 2,6 -二氯酚靛酚滴定含有维生素 C 的酸性溶液时，在维生素 C 未被全部氧化时，滴下的染料立即被还原成无色。一旦溶液中的维生素 C 全部被氧化时，滴下的染料便立即使溶液显示淡粉红色，此时即为滴定终点，表示溶液中的抗坏血酸刚刚全部被氧化，其反应过程如图 1 所示。依据滴定时 2,6 -二氯酚靛酚标准溶液的消耗量，可以计算出被测样品中维生素 C 的含量。

三、实验器材与试剂

1. 实验器材　电子天平、研钵、吸量管、微量滴定管、容量瓶、漏斗、烧杯、滤纸。

2. 试剂、材料

（1）橘子、苹果、鲜枣、辣椒等。

（2）2% 草酸溶液。

（3）1 mol/L NaOH 溶液。

（4）1% 草酸溶液。

（5）1 mol/L HCl 溶液。

（6）2,6 -二氯酚靛酚溶液。将 50 mg 2,6 -二氯酚靛酚溶于约 200 mL 含有 52 mg $NaHCO_3$ 的热水中，冷却后加水稀释至 250 mL。过滤后，置于棕色瓶

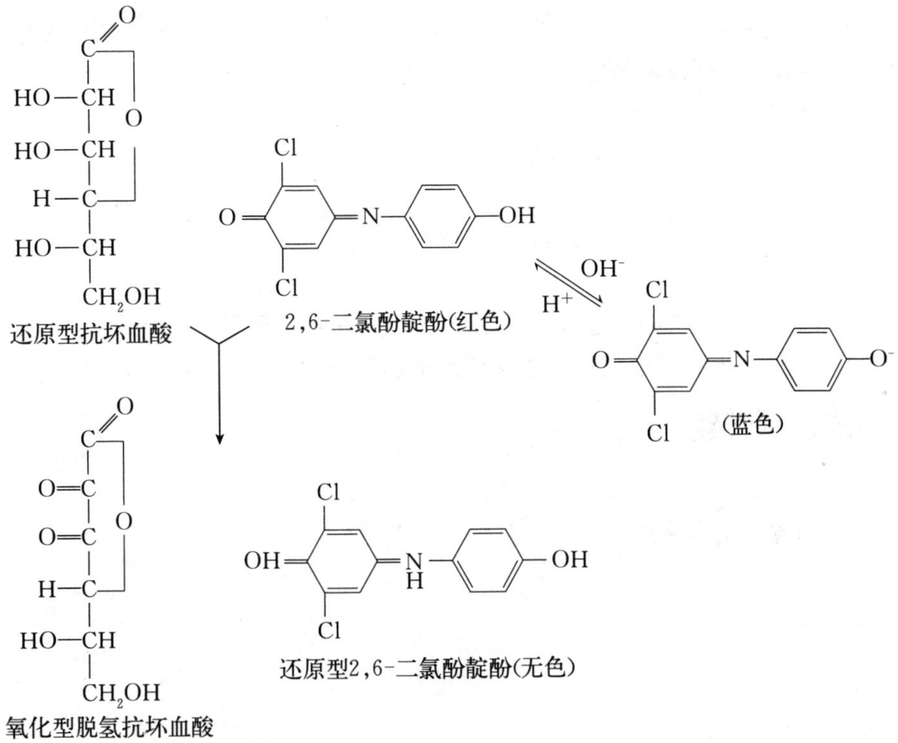

图 1　利用 2,6-二氯酚靛酚测定维生素 C 含量的基本原理

内储存。

（7）维生素 C 标准溶液。准确称取 10 mg 维生素 C，溶于 1% 草酸溶液中，定容至 100 mL 即成 0.1 mg/mL 溶液。

四、实验步骤

1. 提取抗坏血酸　用水洗干净整个新鲜水果或蔬菜，用纱布或吸水纸吸干表面水分，将材料 5 g＋2% 草酸溶液 5 mL 放入研钵一起研磨成浆，（4 层纱布）过滤至 50 mL 容量瓶中，用 2% 草酸溶液冲洗研钵及滤渣 2～3 次，再用 2% 草酸溶液定容。

2. 滴定

（1）标准液滴定。准确吸取维生素 C 标准溶液 1.0 mL（含 0.1 mg 抗坏血酸）置于锥形瓶中，加 9 mL 1% 草酸溶液，使用微量滴定管以 0.1% 2,6-二氯酚靛酚溶液滴定至淡红色，并保持 15 s 不变色即为滴定终点（样品中某些杂质也能还原 2,6-二氯酚靛酚，但其还原速度与抗坏血酸相比较慢，故终点以淡红色存在 15 s 为准），由所用染料的体积计算出 1 mL 染料所能氧化的抗坏血酸的质量（S值，以 mg 计）。

（2）样液滴定。准确吸取滤液 2 份，每份 10.0 mL，分别放入两个锥形瓶中，滴定方法同标准液滴定。

3. 计算

$$维生素 C 含量 （mg/100 g) = (V_A - V_B) \times S/W \times 100$$

式中：

V_A ——滴定样品提取液所用的 2,6-二氯酚靛酚的平均体积（mL）；

V_B ——滴定空白对照所用的 2,6-二氯酚靛酚的平均体积（mL）；

S ——1 mL 2,6-二氯酚靛酚相当于维生素 C 的质量（mg）；

W ——10 mL 样品提取液中含样品的质量（g）。

五、思考题

1. 分析 2,6-二氯酚靛酚滴定法测定维生素 C 含量的优缺点。

2. 为什么滴定终点以淡红色存在 15 s 为准？

实验七　小麦萌发前后淀粉酶活力的比较

一、实验目的

1. 学习分光光度计的原理和使用方法。
2. 学习测定淀粉酶活力的方法。
3. 了解小麦萌发前后淀粉酶活力的变化。

二、实验原理

淀粉酶是水解淀粉的糖苷键的一类酶的总称。实验证明，在某些植物（如小麦、大麦）的休眠种子中只含有 β-淀粉酶，α-淀粉酶是在发芽过程中形成的。所以，在禾谷类萌发的种子和幼苗中，这两类淀粉酶都存在。其活性随萌发时间的延长而增高。本实验以淀粉酶催化淀粉生成麦芽糖的速度来测定酶的活力。麦芽糖是还原性糖，能使 3,5-二硝基水杨酸还原成棕色的 3-氨基-5-硝基水杨酸，后者在 500 nm 处有最大吸光度，因而可进行定量测定。

种子中储藏的糖类主要以淀粉的形式存在。淀粉酶能使淀粉分解为麦芽糖。

$$2(C_6H_{10}O_5)_n + H_2O \longrightarrow nC_{12}H_{22}O_{11}$$

麦芽糖有还原性，能使 3,5-二硝基水杨酸还原成棕色的 3-氨基-5-硝基水杨酸。后者可用分光光度计法测定。

休眠种子的淀粉酶活力很弱，种子吸胀萌动后，酶活力逐渐增强，并随着发芽天数的增长而增加。

三、实验器材与试剂

1. 实验器材　试管、吸管、研钵、离心管、分光光度计、离心机、恒温水浴锅。

2. 试剂、材料

（1）小麦种子。

（2）淀粉。

（3）1 g/L 标准麦芽糖溶液。精确称量 100 mg 麦芽糖，用少量水溶解后，移入 100 mL 容量瓶中，加蒸馏水至刻度。

（4）0.02 mol/L 磷酸盐缓冲液（pH 6.9）。将 0.2 mol/L 磷酸二氢钾 67.5 mL 与 0.2 mol/L 磷酸氢二钠 82.5 mL 混合，稀释 10 倍。

（5）10 g/L 淀粉溶液。1 g 可溶性淀粉溶于 100 mL 0.02 mol/L 磷酸盐缓冲液中，其中含有 0.006 7 mol/L 氯化钠。

（6）10 g/L 3,5-二硝基水杨酸溶液。1 g 3,5-二硝基水杨酸溶于 20 mL 2 mol/L 的氢氧化钠溶液和 50 mL 水中，再加入 30 g 酒石酸钾钠，定容至 100 mL。若溶液浑浊，可过滤。

（7）10 g/L 氯化钠溶液。

（8）细沙。

四、实验步骤

1. 种子发芽　小麦种子浸泡 2.5 h 后，放入 25℃恒温箱内或在室温下发芽。

2. 酶液提取　取发芽第三天或第四天的幼苗 15 株，放入研钵内，加细沙 200 mg，加 10 g/L 氯化钠溶液 10 mL，在 0～4℃下用力磨碎。在室温下放置 20 min，搅拌几次。将提取液离心（1 500 r/min）6～7 min。将上清液倒入量筒，测定酶提取液的总体积。进行酶活力测定时，将酶提取液稀释 10 倍。

取干燥种子或浸泡 2.5 h 后的种子 15 粒作为对照（提取步骤同上）。

3. 酶活力测定

（1）取 25 mL 刻度试管 4 支，编号：1. 种子；2. 发芽幼苗；3. 标准管；4. 空白管。按表 1 要求加入各试剂（各试剂须 25℃预热 10 min）。

表 1　酶活力测定各溶液加入量

项目	管号			
	1	2	3	4
酶液（mL）	0.5	0.5	—	—
标准麦芽糖溶液（mL）	—	—	0.5	—
10 g/L 淀粉溶液（mL）	1.0	1.0	1.0	1.0
水（mL）	—	—	—	0.5

将各管混匀，放在 25℃水浴中保温 3 min 后，立即向各管中加入 10 g/L

3,5-二硝基水杨酸溶液 2 mL。

（2）取出各试管，放入沸水浴中加热 5 min。冷却至室温，加水稀释至 25 mL。将各管充分混匀。

（3）用空白管作对照；在 500 nm 处测定各管的吸光度值，填入表 2。

表 2　酶活力测定各试管吸光度值

管号	1	2	3	4
A_{500}				

4. 计算　根据溶液的浓度与吸光度值成正比的关系，即 $\dfrac{A_{标准}}{A_{未知}}=\dfrac{C_{标准}}{C_{未知}}$，则

$$C_{未知}=A_{未知}\times\dfrac{C_{标准}}{A_{标准}},$$

式中：

$C_{未知}$——未知酶液浓度；

$A_{未知}$——未知酶液吸光度值；

$C_{标准}$——标准酶液浓度；

$A_{标准}$——标准酶液吸光度值。

本实验规定：25℃时 3 min 内水解淀粉释放 1 mg 麦芽糖所需的酶量为 1 个酶活力单位，则 15 粒种子或 15 株幼苗的总活力单位计算如下：

$$总活力单位=C_{酶}\times n_{酶}\times V_{酶}$$

式中：

$C_{酶}$——酶液中麦芽糖的浓度；

$n_{酶}$——酶液稀释倍数；

$V_{酶}$——提取液的总体积。

五、思考题

1. 为什么提取过程在 0～4℃ 条件下进行，而测酶活力时要在 25℃ 预保温，反应后又放入沸水浴中？

2. 实验结果说明什么？

实验八　脂肪酸的 β 氧化

一、实验目的

1. 理解脂肪酸的 β 氧化作用。
2. 了解测定丙酮含量的原理。

二、实验原理

脂肪酸的 β 氧化是脂类分解代谢的重要途径，在动物肝中进行。脂肪酸经 β 氧化作用生成乙酰辅酶 A。2 分子乙酰辅酶 A 可缩合生成乙酰乙酸，乙酰乙酸可经脱羧作用生成丙酮，也可以还原生成 β-羟丁酸。乙酰乙酸、β-羟丁酸和丙酮统称为酮体。

本实验用新鲜肝糜与丁酸保温，生成的丙酮可借碘仿反应来测定，即用过量的碘（定量）在碱性条件下与丙酮作用，生成碘仿，以标准硫代硫酸钠（$Na_2S_2O_3$）溶液在酸性环境中滴定剩余的碘，从而可计算出丙酮的生成量。反应式如下：

$$2\,NaOH + I_2 \longrightarrow NaIO + NaI + H_2O \tag{1}$$

$$CH_3COCH_3 + 3\,NaIO \longrightarrow CH_3I（碘仿）+ CH_3COONa + 2\,NaOH \tag{2}$$

剩余的碘，可用标准 $Na_2S_2O_3$ 溶液滴定。

$$NaIO + NaI + 2HCl \longrightarrow I_2 + 2\,NaCl + H_2O \tag{3}$$

$$I_2 + 2\,Na_2S_2O_3 \longrightarrow Na_2S_4O_6 + 2\,NaI \tag{4}$$

由（1）、（2）、（3）、（4）反应化学方程式可得出：

$$1CH_3COCH_3 \sim 3\,NaIO \sim 3I_2 \sim 6\,Na_2S_2O_3$$

因此，每消耗 1 mol 的 $Na_2S_2O_3$ 相当于生成了 1/6 mol 的丙酮；根据滴定样品与滴定对照所消耗的 $Na_2S_2O_3$ 溶液体积之差，可以计算出由丁酸氧化生成丙酮的量。

三、实验器材与试剂

1. 实验器材　恒温水浴锅、滴定管、移液管、剪刀及镊子、组织匀浆器、锥形瓶、漏斗、滤纸。

2. 试剂、材料

（1）新鲜猪肝。

（2）1 g/L 淀粉溶液。

（3）9 g/L 氯化钠溶液。

（4）0.5 mol/L 丁酸溶液。取 5 mL 丁酸溶于 100 mL 的 0.5 mol/L 氢氧化钠溶液中即可。

（5）150 g/L 三氯乙酸溶液。

（6）100 g/L 氢氧化钠溶液。

（7）10% 盐酸溶液。

（8）0.1 mol/L 碘溶液。称取 12.7 g 碘和 25 g 碘化钾溶于蒸馏水中，稀释到 1 000 mL，混匀，用 0.05 mol/L $Na_2S_2O_3$ 标准溶液标定。

（9）0.01 mol/L $Na_2S_2O_3$ 标准溶液。

（10）1/15 mol/L 磷酸缓冲液（pH 7.6）。1/15 mol/L 磷酸氢二钠溶液 87 mL 与 1/15 mol/L 磷酸二氢钠溶液 13 mL 混合。

（11）正丁酸。

四、实验步骤

1. 肝糜制备 取新鲜猪肝，用 9 g/L 氯化钠溶液洗去污血；用滤纸吸去表面的水分。称取肝组织 5 g 置于研钵中，加少量 9 g/L 氯化钠溶液，研磨成细浆。再加 9 g/L 氯化钠溶液至总体积 10 mL，得肝组织糜。

2. 酮体生成和沉淀蛋白质

（1）取 50 mL 锥形瓶 2 只，各加入 3 mL 1/15 mol/L 磷酸缓冲液（pH 7.6）。向一个锥形瓶中加入 2 mL 正丁酸，另一个锥形瓶作为对照，不加正丁酸。而后各加入 2 mL 肝组织糜。混匀置于 43℃ 恒温水浴保温。

（2）保温 1.5 h 后，取出锥形瓶，各加入 3 mL 150 g/L 三氯乙酸溶液，在对照瓶内补加 2 mL 正丁酸，混匀，静置 15 min 后过滤。将滤液分别收集在 2 支试管中。

3. 酮体的测定 吸取 2 种滤液各 2 mL 分别放入另 2 个锥形瓶中，再各加 3 mL 0.1 mol/L 碘溶液和 3 mL 0.01 mol/L 硫代硫酸钠标准溶液滴定剩余的碘。滴至浅黄色时，加入 3 滴淀粉溶液作指示剂后呈现蓝色。摇匀，并继续滴到蓝色消失。记录滴定样品与对照所用的硫代硫酸钠标准溶液的体积（以 mL 计），并计算样品中丙酮含量。

4. 计算

$$肝的丙酮含量（mmol/g）=\frac{V_{对照}-V_{样品}}{6}\times c$$

式中：

$V_{对照}$——滴定对照所消耗的 $Na_2S_2O_3$ 标准溶液的体积（mL）；

$V_{样品}$——滴定样品所消耗的 $Na_2S_2O_3$ 标准溶液的体积（mL）；

c——$Na_2S_2O_3$ 标准溶液的浓度（mol/L）。

五、思考题

1. 什么是酮体？

2. 本实验如何计算样品中丙酮的含量？

3. 酮体测定有什么临床意义？

实验九　血液中转氨酶活力的测定

一、实验目的

1. 学习转氨酶活力测定的方法及其原理。
2. 了解氨基移换作用在中间代谢中的意义。

二、实验原理

氨基移换酶也称转氨酶。它能催化 α-氨基酸的氨基与 α-酮酸的 α-酮基互换，这种作用称为氨基移换作用。转氨酶在生物体内蛋白质的合成与分解，糖、脂肪、蛋白质三类物质代谢的相互联系与相互转化中都起着很重要的作用。转氨酶的种类甚多，任何一种氨基酸进行转氨作用时，都由其专一的转氨酶催化，它们的最适 pH 接近 7.4。在各种转氨酶中，以谷氨酸-丙酮酸转氨酶（简称 GPT）及谷氨酸-草酰乙酸转氨酶（简称 GOT）活力最强。二者的催化反应如下所示：

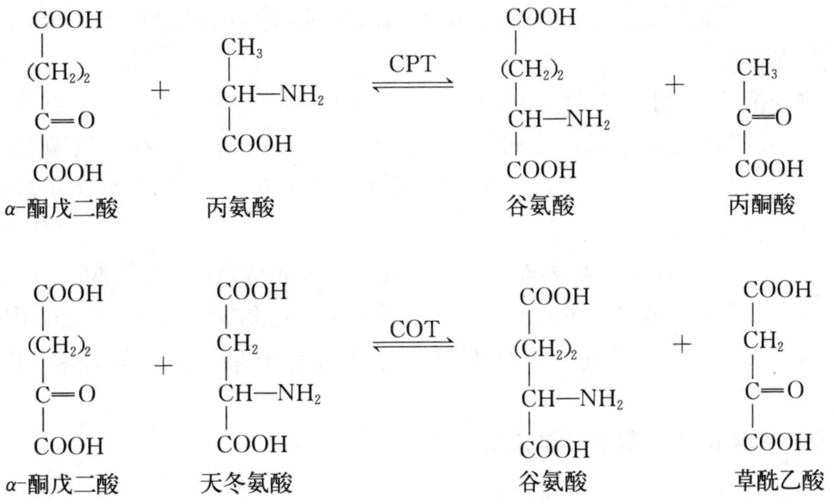

上述两种酶均广泛存在于生物机体中，在正常人血清中也有少量存在。机体发生肝炎、心肌梗死等病变时，血清中转氨酶活力常显著增加，在临床上转氨酶活性的测定是诊断的重要参考指标。

测定转氨酶活力的方法有很多，本实验采用分光光度法。谷丙转氨酶作用于丙氨酸和 α-酮戊二酸后，生成的丙酮酸与 2,4-二硝基苯肼作用生成丙酮酸-2,4-二硝基苯腙：

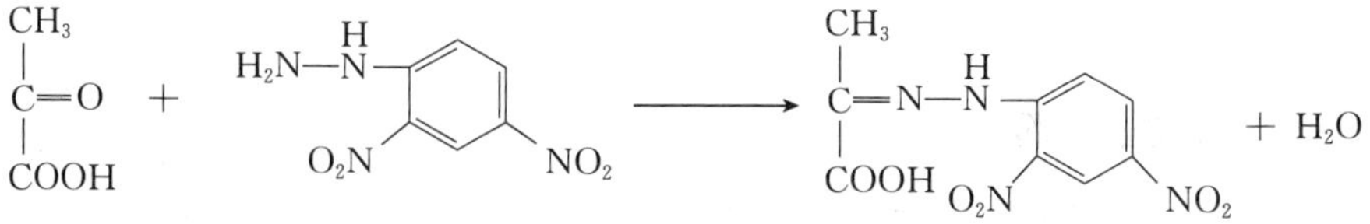

丙酮酸-2,4-二硝基苯腙加碱处理后呈棕色，可用分光光度法测定。根据丙酮酸-2,4-二硝基苯腙的生成量，可以计算酶的活力。

三、实验器材与试剂

1. 实验器材　分光光度计、恒温水浴锅、不同量程移液器、试管。

2. 试剂、材料

（1）0.1 mol/L 磷酸缓冲液（pH 7.4）。

（2）2.0 μmol/mL 丙酮酸钠标准溶液。取分析纯丙酮酸钠 11 mg 溶解于 50 mL 磷酸缓冲液内（现用现配）。

（3）谷丙转氨酶底物（即 2.0 μmol/mL α-酮戊二酸溶液和 0.2 mmol/mL 丙氨酸混合液）。

取分析纯 α-酮戊二酸 29.2 mg、DL-丙氨酸 1.78 g 置于小烧杯内，加 1 mol/L 氢氧化钠溶液约 10 mL 使完全溶解。用 1 mol/L 氢氧化钠溶液或 1 mol/L 盐酸调整 pH 至 7.4 后加磷酸缓冲液至 100 mL。然后加氯仿数滴防腐。在冰箱内可保存 1 周。

（4）2,4-二硝基苯肼溶液。在 200 mL 锥形瓶内放入分析纯 2,4-二硝基苯肼 19.8 mg，加 100 mL 1 mol/L 盐酸溶液。把锥形瓶放在暗处并不时摇动，待 2,4-二硝基苯肼全部溶解后，滤入棕色玻璃瓶内，置冰箱内保存备用。

（5）0.4 mol/L 氢氧化钠溶液。

（6）血清。

四、实验步骤

1. 标准曲线的绘制　取 6 支试管，分别标识为 0、1、2、3、4、5，按表 1 所列的次序添加各试剂：

表1 转氨酶活力测定各溶液加入量

试剂	试管号					
	0	1	2	3	4	5
丙酮酸钠标准溶液（mL）	—	0.05	0.10	0.15	0.20	0.25
谷丙转氨酶底物（mL）	0.50	0.45	0.40	0.35	0.30	0.25
磷酸缓冲液（mL）	0.10	0.10	0.10	0.10	0.10	0.10

2,4-二硝基苯肼可与有酮基的化合物作用形成苯腙。底物中的 α-酮戊二酸与2,4-二硝基苯肼反应，生成 α-酮戊二酸苯腙。因此，在制作标准曲线时，须加入一定量的谷丙转氨酶底物（内含 α-酮戊二酸）以抵消由 α-酮戊二酸产生的吸光影响。

先将试管置于37℃恒温水浴中保温10 min以平衡内外温度。向各试管内加入0.5 mL 2,4-二硝基苯肼溶液后再保温20 min。分别向各试管内加入0.4 mol/L氢氧化钠溶液5 mL。在室温下静置30 min，以0号管作空白，测定520 nm处的吸光度值。以丙酮酸的物质的量（μmol）为横坐标、吸光度值为纵坐标，画出标准曲线。

2. 酶活力的测定 取2支试管并标号，用第1号试管作为实验管，第2号试管作为空白对照管。各加入谷丙转氨酶底物0.5 mL，置于37℃水浴内10 min，使管内外温度平衡。取血清0.1 mL加入第1号试管内，继续保温60 min。到60 min时，向2支试管内各加入2,4-二硝基苯肼溶液0.5 mL，向第2号试管中补加0.1 mL血清，再向1号、2号试管内各加入0.4 mol/L氢氧化钠溶液5 mL。在室温下静置30 min后，测定实验管的520 nm波长吸光度值（显色后30 min至2 h内其色度稳定）。在标准曲线上查出丙酮酸的物质的量（μmol）（用1 μmol丙酮酸代表1.0单位酶活力），计算每100 mL血清中转氨酶的活力单位数。

五、思考题

1. 简述转氨酶在代谢过程中的重要作用及在临床诊断中的意义。

2. 如何制备和保存血清样品？

实验十　还原糖的测定——3,5-二硝基水杨酸比色法

一、实验目的

了解 3,5-二硝基水杨酸比色法测定还原糖的基本原理。

二、实验原理

还原糖的测定是糖定量测定的基本方法。还原糖是指含有自由醛基或酮基的糖类,单糖都是还原糖,双糖和多糖不一定是还原糖。其中,乳糖和麦芽糖是还原糖,蔗糖和淀粉是非还原糖。在碱性条件下,还原糖与黄色的 3,5-二硝基水杨酸共热,还原糖被氧化成糖酸及其他产物,3,5-二硝基水杨酸则被还原为棕红色的 3-氨基-5-硝基水杨酸。在一定范围内,还原糖的含量与棕红色物质颜色的深浅成正比,利用分光光度计,在 540 nm 波长下测定溶液的吸光度,查对标准曲线并计算,便可求出样品中还原糖的含量。

3,5-二硝基水杨酸(黄色) 　　　　　　　　3-氨基-5-硝基水杨酸(棕红色)

三、实验器材与试剂

1. 实验器材　试管、烧杯、锥形瓶、移液器、量筒、容量瓶、恒温水浴、离心机、分光光度计、天平、漏斗。

2. 试剂、材料

(1) 3,5-二硝基水杨酸(DNS 试剂)。将 6.3 g 3,5-二硝基水杨酸和 262 mL 2 mol/L 的氢氧化钠溶液,加入 500 mL 含有 185 g 酒石酸钾钠的热水溶液中,再加入 5 g 结晶酚(酚有毒,易挥发)和 5 g 亚硫酸氢钠,搅拌溶解。冷却后,加蒸馏水定容至 1 000 mL,存于棕色瓶中备用。

(2) 葡萄糖标准溶液(1 mg/mL)。精确称取 100 mg 分析纯葡萄糖,用少量蒸馏水溶解后,定容至 100 mL,冰箱中保存备用。

四、实验步骤

1. 葡萄糖标准曲线的制作 取 5 支试管，编号，按表 1 操作：

表 1 葡萄糖标准曲线制作各溶液加入量

项目	管号				
	0	1	2	3	4
葡萄糖标准溶液（mL）	0	0.4	0.8	1.2	1.6
相当于葡萄糖量（mg）	0	0.4	0.8	1.2	1.6
蒸馏水（mL）	2.0	1.6	1.2	0.8	0.4
DNS 试剂（mL）	1.5	1.5	1.5	1.5	1.5
A_{540}					

将各管摇匀，同时置于沸水浴中，准确加热 5 min（必须严格控制反应过程的温度和加热时间），取出后立即用冷水冷却到室温，加蒸馏水 21.5 mL，混匀。在 540 nm 波长下以 0 号管为对照，分别测定其余各管吸光度。以葡萄糖质量（以 mg 计）为横坐标、吸光度值（A_{540}）为纵坐标，画出含糖量与吸光度值的相关标准曲线。

2. 样品中还原糖的提取 准确称取 3 g 食用面粉，放入 100 mL 烧杯中，先用少量蒸馏水调成糊状，然后加入 50 mL 蒸馏水，搅匀，置于 50℃ 恒温水浴中保温 20 min（保温期间，不断搅拌），使还原糖浸出。过滤或离心，将浸出液（含沉淀）转移到 50 mL 离心管中，于 4 000 r/min 下离心 5 min，沉淀可用 20 mL 蒸馏水洗 1 次，再离心或过滤，将 2 次离心的上清液或滤液收集在 100 mL 容量瓶中，用蒸馏水定容至刻度，混匀，作为还原糖待测液。

3. 样品中还原糖含量的测定 取 3 支试管，按表 2 操作：

表 2 还原糖含量测定各溶液加入量

项目	管号		
	0	1	2
还原糖待测液（mL）	0	1	1
蒸馏水（mL）	2.0	1	1
DNS 试剂（mL）	1.5	1.5	1.5
A_{540}			

加完试剂后，其余操作与制作标准曲线相同。测定后，利用样品的 A_{540} 平均值在标准曲线上查出相应的还原糖含量，计算如下：

$$还原糖含量 = \frac{查标准曲线所得葡萄糖含量（mg）\times \frac{提取液总体积}{测定取用体积}}{样品量（mg）} \times 100\%$$

五、思考题

1. 在处理样品时，常需要进行固液分离，通常用过滤或离心两种方法，在什么情况下可选过滤，在什么情况下须选离心？

2. 用比色法测定糖含量时，其他杂质是否会影响到测定的结果？

3. 选用不同材料，以比较糖含量的差异。

4. 面粉中主要含有何种糖？

实验十一　酶的特性

温度对酶活力的影响

一、实验目的

1. 了解温度对酶活力的影响作用。
2. 学习定性测定唾液淀粉酶活性的简单方法。

二、实验原理

化学反应速率一般都受温度影响，反应速率随温度的升高而加快。但在酶促反应中，随着温度的升高，酶会因热变性而失活，从而使反应速率减慢，直至酶完全失活。因此，在较低的温度范围内，酶促反应速率随温度的升高而增大，超过一定温度后，反应速率反而下降，以反应速率对温度作图可得到一条钟形曲线，曲线的顶点对应的温度称为酶作用的最适温度（optimum temperature），此温度对应的酶促反应速率最大。大多数动物酶的最适温度为 $37 \sim 40℃$，植物酶的最适温度为 $50 \sim 60℃$。低温能降低或抑制酶的活性，但不能使酶失活。

唾液淀粉酶是动物唾液中含有的一种有催化活性的蛋白质，可以催化淀粉水解为糊精、麦芽糖和葡萄糖。淀粉和可溶性淀粉遇碘呈蓝色，糊精按其分子的大小，遇碘可呈蓝色、紫色、暗褐色和红色，最简单的糊精遇碘不呈颜色，麦芽糖和葡萄糖遇碘也不呈色。在不同温度下，淀粉被唾液淀粉酶催化水解的程度（可反映酶活力的大小）可由水解混合物遇碘呈现的颜色来判断。

三、实验器材与试剂

1. 实验器材　沸水浴、恒温水浴、冰浴、试管及试管架、量筒、滴管、微量移液器与吸头（或其他替代器具）、烧杯。

2. 试剂、材料

（1）稀释 200 倍的唾液。用蒸馏水漱口，以清除食物残渣，再含一口蒸馏水，半分钟后使其流入量筒并稀释 200 倍（稀释倍数可根据个人唾液淀粉酶活性调整），混匀备用。

（2）溶于 $3\,g/L$ 氯化钠的 $2\,g/L$ 淀粉溶液。需新鲜配制。

（3）碘化钾-碘溶液。将碘化钾 20 g 及碘 10 g 溶于 100 mL 水中。使用前稀释 10 倍。

四、实验步骤

取 3 支试管，编号后按表 1 加入试剂。

表 1　温度对酶活力影响实验中各溶液加入量

项目	管号		
	1	2	3
淀粉溶液（mL）	1.5	1.5	1.5
稀释唾液（mg）	1	1	—
煮沸过的唾液（mL）	—	—	1

摇匀后，将 1 号、3 号试管放入 37℃恒温水浴中，2 号试管放入冰水中。10 min 后取出，并将 2 号管内液体取出一半，加入一个干净的试管，编号为 4 号管，用碘化钾-碘溶液来检验 1 号、2 号、3 号管内淀粉被唾液淀粉酶催化水解的程度，记录并解释结果。将 4 号管放入 37℃恒温水浴中保温 10 min 后，再用碘化钾-碘溶液进行实验，记录并解释结果，填写表 2。

表 2　温度对酶活力影响现象分析

管号	呈现的颜色	解释结果
1		
2		
3		
4		

pH 对酶活力的影响

一、实验目的

了解 pH 对酶活力的影响作用。

二、实验原理

pH 对酶促反应速率的影响作用主要表现在以下方面：pH 过高或过低可导致酶高级结构的改变，使酶失活；pH 的改变可通过影响酶的可解离基团的解离状态来影响酶活性；pH 通过影响底物的解离状态以及中间复合物 ES 的解离状态影响酶促反应速率。

若其他条件不变，酶只有在一定的 pH 范围内才能表现催化活性，且在某一 pH 下，酶促反应速率最大，此 pH 称为酶的最适 pH（optimum pH）。各种酶的最适 pH 不同，但多数在中性、弱酸性或弱碱性范围内。例如，植物和微生物所含酶的最适 pH 多在 4.5～6.5，动物体内酶的最适 pH 多在 6.5～8.0。本实验观察 pH 对唾液淀粉酶活性的影响，唾液淀粉酶的最适 pH 约为 6.8。

三、实验器材与试剂

1. 实验器材　恒温水浴、锥形瓶、滴管、烧杯、试管及试管架、量筒、白瓷调色板、微量移液器与吸头（或其他替代器具）、pH 试纸。

2. 试剂、材料

（1）溶于 3 g/L 氯化钠的 5 g/L 淀粉溶液。需新鲜配制。

（2）稀释 200 倍的新鲜唾液。

（3）0.2 mol/L 磷酸氢二钠溶液。

（4）0.1 mol/L 柠檬酸溶液。

（5）碘化钾-碘溶液。

四、实验步骤

取 4 个标有号码的 50 mL 锥形瓶。用微量移液器按表 3 添加 0.2 mol/L 磷酸氢二钠溶液和 0.1 mol/L 柠檬酸溶液以制备 pH 5.0～8.0 的 4 种缓冲液。

表 3　pH 对酶活力影响各溶液加入量

瓶号	0.2 mol/L 磷酸氢二钠溶液（mL）	0.1 mol/L 柠檬酸溶液（mL）	pH
1	5.15	4.85	5.0
2	6.05	3.95	5.8
3	7.72	2.28	6.8
4	9.72	0.28	8.0

从 3 号锥形瓶中取缓冲液 3 mL，加入 1 支试管中，添加淀粉溶液 2 mL，混匀，置于 37℃ 恒温水浴中保温 5～10 min，再加入稀释 200 倍的唾液 2 mL，混匀，仍在 37℃ 恒温水浴中保温。此后每隔 1 min 取出 1 滴混合液，置于白瓷调色板上，加 1 小滴碘化钾-碘溶液，检验淀粉的水解程度。待混合液变为棕黄色时，记下酶作用的时间（自加入唾液时开始，准确掌握该时间是实验成功的关键）。

从 4 个锥形瓶中各取缓冲液 3 mL，分别加入 4 支已编号的试管中，随后于每个试管中添加淀粉溶液 2 mL，置于 37℃恒温水浴中保温 5～10 min，再加入稀释 200 倍的唾液 2 mL，混匀，仍在 37℃恒温水浴中保温。向各试管中加入稀释唾液的时间间隔各为 1 min。根据前期记录的酶作用的时间，向所有试管依次添加 1～2 滴碘化钾-碘溶液。添加碘化钾-碘溶液的时间间隔，从第 1 管起均为 1 min。

观察各试管中物质呈现的颜色，分析 pH 对唾液淀粉酶活力的影响作用，填写表 4。

表 4　pH 对酶活力影响现象分析

管号	呈现的颜色	解释结果
1		
2		
3		
4		

唾液淀粉酶的活化和抑制

一、实验目的

了解激活剂与抑制剂对酶活力的影响作用。

二、实验原理

酶的活性受激活剂或抑制剂的影响，使酶活力提高的物质称为激活剂（activator），使酶活力降低的物质称为抑制剂（inhibitor）。酶的激活剂与抑制剂有多种类型，既包括蛋白质等生物大分子，也包括金属离子、无机阴离子和有机小分子等。不同的酶有不同的激活剂与抑制剂，对唾液淀粉酶来说，氯离子为其激活剂，铜离子为其抑制剂。

三、实验器材与试剂

1. 实验器材　恒温水浴、试管及试管架、滴管、烧杯、微量移液器与吸头（或其他替代器具）、量筒。

2. 试剂、材料

（1）1 g/L 淀粉溶液。

（2）稀释 200 倍的新鲜唾液。

（3）10 g/L 氯化钠溶液。

（4）10 g/L 硫酸铜溶液。

（5）10 g/L 硫酸钠溶液。

（6）碘化钾-碘溶液。

四、实验步骤

取 4 个标有号码的试管，按表 5 加入试剂。

表 5　唾液淀粉酶的活化和抑制实验中各溶液加入量

项目	管号			
	1	2	3	4
1 g/L 淀粉溶液（mL）	1.5	1.5	1.5	1.5
稀释 200 倍的新鲜唾液（mL）	0.5	0.5	0.5	0.5
10 g/L 硫酸铜溶液（mL）	0.5	—	—	—
10 g/L 氯化钠溶液（mL）	—	0.5	—	—
10 g/L 硫酸钠溶液（mL）	—	—	0.5	—
蒸馏水（mL）	—	—	—	0.5
37℃恒温水浴中保温 10 min				
碘化钾-碘溶液（滴）	2	2	2	2

记录实验现象，解释实验结果，并说明实验设置 3 号管的意义，填写表 6。

表 6　唾液淀粉酶的活化和抑制现象分析

管号	呈现的颜色	解释结果	3 号管的意义
1			
2			
3			
4			

五、思考题

1. 什么是酶的最适温度？其应用意义是什么？

2. pH 对酶活性有什么影响？什么是酶促反应的最适 pH？

3. 什么是酶的激活剂？请列举几种酶的激活剂。

4. 什么是酶的抑制剂？抑制剂与变性剂有何区别？列举几种酶的抑制剂。

5. 试总结影响酶活性的因素。

6. 如果要定量测定各种因素对酶活性的影响作用（如温度的影响作用），实验应如何设计？

实验十二　糖含量测定——蒽酮–硫酸比色法

一、实验目的

1. 掌握总糖的测定原理。
2. 学习用蒽酮比色法测定总糖的方法。

二、实验原理

糖类在较高温度下可被浓硫酸作用而脱水生成糠醛或羟甲基糠醛后，与蒽酮脱水缩合，形成的糠醛衍生物呈蓝绿色。该物质在 625 nm 处有最大吸收，在 0~150 $\mu g/mL$ 范围内，其颜色的深浅与可溶性糖含量成正比。该法有很高的灵敏度，糖含量在 30 μg 左右就能进行测定。

三、实验器材与试剂

1. 实验器材　分析天平、分光光度计、容量瓶、烧杯、具塞试管、移液器、涡旋振荡器。

2. 试剂

（1）蒽酮试剂。精密称取 0.1 g 蒽酮，加 100 mL 80% 浓 H_2SO_4 使溶解，摇匀。当日配制使用。

（2）1 mg/mL 葡萄糖标准溶液。准确称取 80℃烘至恒重的分析纯无水葡萄糖 1 g，置于烧杯中，加少量水溶解后再加 5 mL 浓盐酸，以蒸馏水定容至 1 000 mL，混匀，4℃冰箱中保存备用。

（3）新鲜蔬菜叶片。

四、实验步骤

1. 葡萄糖标准曲线的制作　取 7 支具塞试管，按表 1 数据配制不同浓度的葡萄糖标准溶液，每个浓度做 2~3 个重复。

各管加完溶液后一起置于沸水浴中加热 15 min 取出，迅速浸于冰水浴中冷却 15 min。在 625 nm 波长下，以第 1 管为空白，迅速测定其余各管吸光度值。以标准葡萄糖含量（μg）为横坐标、吸光度值为纵坐标，绘制标准曲线。

2. 可溶性糖的提取　取新鲜蔬菜叶片，擦净表面污物，剪碎混匀，每份称

表 1　葡萄糖标准曲线的制作各溶液加入量

试剂	管号						
	0	1	2	3	4	5	6
葡萄糖标准溶液（mL）	0	0.2	0.4	0.6	0.8	1.0	1.2
蒸馏水（mL）	2.0	1.8	1.6	1.4	1.2	1.0	0.8
葡萄糖含量（mg）	0	0.1	0.2	0.3	0.4	0.5	0.6
蒽酮试剂（mL）	6	6	6	6	6	6	6
	沸水浴 15 min，冰水浴 15 min						
A_{625}							

取 0.10～0.30 g，共 3 份，分别放入 3 支刻度试管中，加入 5～10 mL 蒸馏水，用塑料薄膜封口，于沸水浴中提取 30 min（提取 2 次），提取液过滤后倒入 25 mL 容量瓶中，反复冲洗试管及残渣，定容至刻度。

3. 样品的测定　将样品溶液糖浓度调整到测定范围，精确吸取 2 mL 置于干燥洁净的试管中，在每支试管中立即加入蒽酮试剂 6 mL，振荡混匀，各管加完后一起置于沸水浴中加热 15 min。取出，迅速浸于冰水浴中冷却 15 min，每个浓度做 2～3 个重复。在 625 nm 波长下迅速测定各管吸光度值。根据葡萄糖含量的标准曲线，由样品溶液吸光度值计算各样品溶液中糖的浓度，并计算其总糖含量。

$$总糖含量（\%）=\frac{m_0 \times V}{m \times 0.5 \times 1000} \times 0.9 \times 100\%$$

式中：

m_0　——由标准曲线上查得的葡萄糖的质量（mg）；

V　——样品稀释液总体积（mL）；

m　——样品质量（g）；

0.5　——吸取样品的体积（mL）；

1 000——克换算成毫克的系数；

0.9　——还原糖换算成淀粉的系数。

五、思考题

1. 用水提取的糖类有哪些？

2. 制作标准曲线时应注意什么问题？

实验十三　可溶性糖含量测定——硫酸-苯酚比色法

一、实验目的

1. 掌握可溶性糖的测定原理。
2. 学习用比色法测定可溶性糖的方法。

二、实验原理

植物体内的可溶性糖主要是指能溶于水和乙醇的单糖和寡聚糖。糖在浓硫酸作用下，脱水生成的糠醛或羟甲基糠醛能与苯酚缩合成一种橙红色化合物，在 10～100 mg 范围内，其颜色深浅与糖的含量成正比，且在 490 nm 波长下有最大吸收峰，故可用比色法在此波长下测定。硫酸-苯酚比色法可用于甲基化的糖、戊糖和多聚糖的测定，方法简单，灵敏度高，实验时基本不受蛋白质存在的影响，并且产生的颜色能稳定 160 min 以上。

三、实验器材与试剂

1. 实验器材　分光光度计、恒温水浴锅、刻度试管、刻度吸管、记号笔、吸水纸。

2. 试剂、材料

（1）90%苯酚溶液。称取 90 g 苯酚，加蒸馏水 10 mL 溶解，在室温下可保存数月。

（2）9%苯酚溶液。取 3 mL 90%苯酚溶液，加蒸馏水至 30 mL，现用现配。

（3）浓硫酸。

（4）0.1 g/L 蔗糖标准液。将分析纯蔗糖在 80℃ 下烘至恒重，精确称取 1 g，加少量水溶解，移入 100 mL 容量瓶中，加入 0.5 mL 浓硫酸，用蒸馏水定容至刻度。

（5）100 μg/L 蔗糖标准液。精确吸取 1 mL 0.1 g/L 蔗糖标准液加入 100 mL 容量瓶中，加水定容。

（6）新鲜菠菜叶片。

四、实验步骤

1. 标准曲线的制作　取 20 mL 刻度试管 7 支，编号，按表 1 加入溶液和水，然后按顺序向试管内加入 1 mL 9％苯酚溶液，摇匀，再小心加入 5 mL 浓硫酸，摇匀。比色液总体积为 8 mL，在恒温下放置 30 min，显色。然后以空白为参照，在 490 nm 波长下测定吸光度，以糖含量为横坐标、吸光度值为纵坐标，绘制标准曲线，求出标准直线方程。

表 1　标准曲线制作各溶液加入量

试剂	管号						
	0	1	2	3	4	5	6
100 μg/L 蔗糖标准液（mL）	0	0.2	0.4	0.6	0.8	1.0	1.2
蒸馏水（mL）	2.0	1.8	1.6	1.4	1.2	1.0	0.8
蔗糖含量（μg）	0	10	20	30	40	50	60
9％苯酚试剂（mL）	1	1	1	1	1	1	1
浓硫酸（mL）	5	5	5	5	5	5	5
恒温放置 30 min							
A_{490}							

2. 可溶性糖的提取　取新鲜菠菜叶片，擦净表面污物，剪碎混匀，称取 3 份，每份 0.10～0.30 g，分别放入 3 支刻度试管中，加入 5～10 mL 蒸馏水，用塑料薄膜封口，于沸水浴中提取 30 min（提取 2 次），提取液过滤转入 25 mL 容量瓶中，反复冲洗试管及残渣，定容至刻度。

3. 测定可溶性糖　吸取 0.5 mL 样品液于试管中（重复 2 次），加蒸馏水 1.5 mL，同制作标准曲线的步骤，按顺序分别加入苯酚、浓硫酸溶液，显色并测定吸光度。由标准线性方程求出糖的量，按下式计算测试样品中糖含量。

$$可溶性糖含量（％）=\frac{c \times V \times n}{\alpha \times m \times 10^6} \times 100\%$$

式中：

c ——标准方程求得糖量；

V——提取液体积（mL）；

n——稀释倍数；

α——吸取样品液体积（mL）；

m——样品质量（g）。

五、思考题

用硫酸-苯酚比色法测定多糖粗提物中糖含量的原理是什么？

实验十四　纸层析法分离鉴定氨基酸

一、实验目的

1. 学习纸层析法的基本原理。
2. 掌握氨基酸纸层析的操作技术。

二、实验原理

纸层析是以滤纸为惰性支持物的分配层析。分配层析是利用不同物质在两种不相溶的溶剂中的分配系数不同而达到分离的一种技术，即指溶质在两种互不相溶的溶剂中溶解达到平衡时的浓度比，也为该溶质在两相中溶解度之比。

$$分配系数 = \frac{溶质在固定相的浓度}{溶质在流动相的浓度} = \frac{溶质在固定相的溶解度}{溶质在流动相的溶解度}$$

滤纸纤维的—OH 为亲水性基团，与水有很强的亲和力，而与有机溶剂的亲和力极弱。所以，纸层析是以有机溶剂饱和的水为固定相，而以水饱和的有机溶剂为流动相。展层时，将样品点在距滤纸一端 2~3 cm 的某一处，该点称为原点。然后在密闭的展层缸内，层析溶剂沿滤纸的一个方向进行展层，这样混合氨基酸在两相中不断分配。由于分配系数不同，其结果会分布在滤纸的不同位置。物质被分离后在纸层析图谱上的位置即在纸上的移动速度可用分配系数 (R_f) 来表示。R_f 是指在纸层析中从原点至层析点中心的距离与原点到溶剂前沿的距离的比值：

$$R_f = 原点至层析点中心的距离 / 原点到溶剂前沿的距离$$

纸层析中，在一定条件下，某一物质的 R_f 是常数。R_f 的大小与物质的结构、溶剂系统、pH、层析滤纸的质量和层析温度等因素有关。

（1）物质的结构。根据相似相容原理，极性物质易溶于极性溶剂（水）中，而非极性物质易溶于非极性物质（有机溶剂）中。所以，物质的极性大小决定了物质在水和有机溶剂之间的分配情况。

（2）溶剂系统。同一物质在不同溶剂系统中 R_f 不同。选择溶剂系统时，应使被分离物质在适当的 R_f 范围内（0.05~0.85），并且不同物质的 R_f 至少差别 0.05 才能彼此分开。溶剂的极性大小也影响物质的 R_f。在用与水互溶的脂肪醇作为溶剂时，氨基酸的 R_f 随着溶剂碳原子数目增加而降低。

（3）pH。溶剂系统的 pH 会影响物质极性基团的解离形式。酸性氨基酸在酸性溶液中所带静电荷比在碱性溶液中少，带电荷越少则亲水性越小。因此，在酸性溶剂系统中 R_f 较碱性溶剂系统中大，而碱性氨基酸则相反。

（4）层析滤纸的质量。层析滤纸要质地均匀、紧密，有一定的机械强度，并含杂质少。国产滤纸可用于一般的纸层析。如对层析要求高，应事先将滤纸用 0.01 mol/L HCl 溶液处理以去除纸上的 Ca^{2+}、Mg^{2+}、Cu^{2+} 等离子。

（5）温度和时间。温度不仅影响物质在溶剂中的分配系数，而且影响溶剂相的组成及纤维素的水合作用。温度变化对 R_f 影响很大，所以层析时最好控制温度不要相差 ±0.5℃。当所有条件相同时，氨基酸层析时间短，则 R_f 小。

纸上层析法是生物化学中分离、鉴定氨基酸混合物的经典技术，可用于蛋白质、氨基酸组成定性鉴定和定量测定，也是定性或定量测定多肽、核酸碱基、糖、有机酸、维生素、抗生素等物质的一种分离分析工具。

三、实验器材与试剂

1. 实验器材　滤纸、培养皿、烧杯、毛细管、吸量管、铅笔、尺子、层析缸、电吹风、订书机、玻璃板。

2. 试剂、材料

（1）1 000 μg/mL 谷氨酸标准溶液、1 000 μg/mL 脯氨酸标准溶液、1 000 μg/mL 亮氨酸标准溶液。

（2）500 μg/mL 氨基酸混合液。甘氨酸 50 mg、亮氨酸 25 mg、蛋氨酸 25 mg 共溶于 5 mL 水中。

（3）0.1％茚三酮-丙酮溶液。

四、实验步骤

1. 配制展层剂　按正丁醇∶80％甲酸∶水为 30∶6∶4 的比例配制 40 mL 展层剂，倒入培养皿中，立即放入密闭的层析缸中。

2. 滤纸准备　取 1 张新华 1 号滤纸（20 cm×20 cm），以顺滤纸纹方向为高，在距滤纸底边 2 cm 处用铅笔画一条直线，在此直线上等距离点 8 个点，然后在每个点下面分别标出谷、亮、脯、混合字样，作为相应溶液的点样处。

3. 点样　用毛细管将各氨基酸标准溶液分别点在 8 个相应的点样处。将毛细管口轻触到纸面，样品自动流出。点样时，必须等第 1 滴样品用冷风吹干后再点第 2 滴，如此反复 3～5 次，点扩散直径控制为 0.1～0.2 cm。将点样后的滤纸两边对齐，用订书机将滤纸钉成筒状。纸的两边不能接触，避免出现毛细现象使溶剂沿边缘快速移动而造成溶剂前沿不齐影响 R_f 值的大小。

4. 展层　将钉好的筒状滤纸垂直浸入展层剂中，展层 2～3 h。当展层剂距纸的上沿 2～3 cm 时取出滤纸，用吹风机的热风吹干。

5. 显色　用吸量管吸取 5 mL 0.1% 茚三酮-丙酮溶液均匀洒在滤纸上，立即用吹风机热风吹干，即可显出各氨基酸层析斑点。用铅笔轻轻描出显色斑点的形状。

6. R_f 计算　用尺子分别测量原点至各显色斑点中心的距离以及原点至溶剂前沿的距离，计算其比值，即可得各标准氨基酸及混合液中各氨基酸的 R_f。

五、思考题

1. 谷氨酸、亮氨酸和脯氨酸与茚三酮反应各显什么颜色？试从分子结构特点说明在本实验条件下 R_f 不同的原因。

2. 本实验如采用碱溶剂系统展层，会对几种氨基酸的 R_f 产生什么样的影响？为什么？

实验十五　凝胶柱层析法分离血红蛋白

一、实验目的

1. 掌握凝胶柱层析法的基本原理。
2. 学习利用凝胶柱层析法分离生物大分子和小分子的实验技能。

二、实验原理

凝胶柱层析又称分子筛层析，是对混合物中各组分按分子大小进行分离的层析技术。层析所用的基质是凝胶颗粒，是一种不带电的具有三维空间的多孔网状结构的高分子聚合物。每个颗粒的细微结构及筛孔的直径均匀一致，可以完全或部分排阻某些大分子化合物于筛孔之外，而对某些小分子化合物则不能排阻，可让其在筛孔中自由扩散、渗透。当含有不同大小分子的混合物流经充满凝胶介质的层析柱时，小分子的物质能进入介质的孔隙，而大分子的物质则被排阻在介质之外，依此而达到分离的目的。

血红蛋白是红细胞的主要内含物，它是血红蛋白和珠蛋白肽链连接而成的一种结合蛋白，属色素蛋白。在血红蛋白中加入过量的高铁氰化钾后，血红蛋白与高铁氰化钾反应生成高铁血红蛋白（MetHb）。为了除去 MetHb 样品中多余的高铁氰化钾，将 MetHb 混合液通过交联葡聚糖凝胶 G-25 柱，然后用磷酸缓冲液洗脱。当 MetHb 混合液流过凝胶柱时，溶液中高铁血红蛋白由于直径大于凝胶网孔而只能沿着凝胶颗粒间的孔隙以较快的速度流过凝胶柱，最先流出层析柱。实验中可观察到 MetHb（红褐色）洗脱较快。而小分子的高铁氰化钾由于直径小于凝胶网孔，可自由地进出凝胶颗粒的网孔，向下移动的速率慢，因此最后流出层析柱。这样经过凝胶柱层析后即可除去高铁氰化钾，从而得到高铁血红蛋白纯品。

三、实验器材与试剂

1. 实验器材　低速离心机、可见分光光度计、刻度离心管、移液枪、电磁炉、层析柱、铁架台、培养皿、储液瓶。

2. 试剂、材料

（1）鸡抗凝全血。取新鲜鸡血以 1∶100 的比例加入肝素钠，搅拌均匀。

（2）0.2 mol/L pH 7.0 磷酸盐缓冲液。称取磷酸二氢钠 121 g，溶于蒸馏水中，稀释至 $1\,000\,\mathrm{mL}$ 为 A 液；称取磷酸氢二钠 $164\,\mathrm{g}$，溶于蒸馏水中，稀释至 $1\,000\,\mathrm{mL}$ 为 B 液。取 A 液 $39\,\mathrm{mL}$、B 液 $61\,\mathrm{mL}$，混匀后即成。

（3）$0.02\,\mathrm{mol/L}$ pH 7.0 磷酸盐缓冲液。量取 $0.2\,\mathrm{mol/L}$ pH 7.0 磷酸盐缓冲液 $100\,\mathrm{mL}$，加蒸馏水稀释至 $1\,000\,\mathrm{mL}$。

（4）四氯化碳。

（5）0.9% NaCl 溶液。

（6）葡聚糖凝胶 G-25。

（7）0.4% $K_3Fe(CN)_6$ 溶液。

四、实验步骤

1. 凝胶的处理　量取 $30\,\mathrm{mL}$ 葡聚糖凝胶 G-25，倾入 $150\,\mathrm{mL}$ 烧杯中，加入 2 倍体积的 $0.02\,\mathrm{mol/L}$ pH 7.0 磷酸盐缓冲液，置于沸水浴中 1 h，并经常摇动使气泡逸出。取出冷却，待凝胶下沉后，倾去含有细微悬浮物的上层液。

2. 装柱平衡　选用 $1.5\,\mathrm{cm}\times20\,\mathrm{cm}$ 层析柱，垂直夹于铁架台上。层析柱滤板下必须充满水，不能留有气泡。向柱内加入少量磷酸盐缓冲液，将上述处理过的凝胶粒悬液连续注入层析柱内，直至所需凝胶床高度距层析柱上口 3～4 cm 为止。装柱时，凝胶床内不得有界面和气泡，凝胶床面应平整。打开出口，调节柱下口夹至流速 $2\,\mathrm{mL/min}$，继续用 2 倍柱床体积的磷酸盐缓冲液平衡，最后关闭出口。

3. 样品处理

（1）血红蛋白溶液的制备。取加入肝素钠的鸡抗凝全血 $3\,\mathrm{mL}$ 于刻度离心管中，$2\,500\,\mathrm{r/min}$ 离心 $5\,\mathrm{min}$。吸去上层血浆，加入 5 倍体积的冷生理盐水，混匀，$3\,000\,\mathrm{r/min}$ 离心 $5\,\mathrm{min}$。弃去上清液，重复操作洗 2 次。最后一次吸去上清液后，在红细胞层上面加等体积蒸馏水，振摇，使细胞破裂。再加 1/2 体积 CCl_4，用力振摇 $3\,\mathrm{min}$。溶出血红蛋白（Hb），$3\,000\,\mathrm{r/min}$ 离心 $5\,\mathrm{min}$。吸取上层澄清的血红蛋白液备用。

（2）吸取血红蛋白液 2 滴、$K_3Fe(CN)_6$ 8 滴和蒸馏水 2 滴，混合制成高铁血红蛋白（MetHb）混合样品。

（3）上样洗脱，打开层析柱下口夹，使柱床面上的缓冲液流出。待液面降到凝胶床表面时，关闭出水口。在距离床面 1 mm 处沿管内壁轻轻转动加入鸡血红蛋白样品 $0.5\,\mathrm{mL}$。打开下口夹，使样品进入柱床内，直到与床面平齐为止。立即用 $1\,\mathrm{mL}$ 磷酸盐缓冲液冲洗柱内壁，待缓冲液进入凝胶柱床后再加少量缓冲液。如此重复 2 次，以洗净内壁上的样品溶液。加入适量缓冲液于凝胶床上（出现不同的色带），连接储液瓶进行洗脱。

（4）分部收集。用小试管收集流出的液体，以 10 滴/min 的流速收集，每管收集 20 滴。注意观察柱上的色带，待黄色的 $K_3Fe(CN)_6$ 色带完全洗脱下来后，再继续收集两管透明的洗脱液作为空白，关闭出口。

（5）绘制洗脱图谱。将每管收集液加入 0.02 mol/L pH 7.0 磷酸盐缓冲液 4 mL，混匀。于 425 nm 波长处，以洗脱液作空白，测定其吸光度。以吸光度为纵坐标、试管标号为横坐标，绘制洗脱图谱。

五、思考题

1. 在向凝胶柱加入样品时，为什么必须保持胶面平整？上样体积为什么不能太大？

2. 请解释为什么在洗脱样品时，流速不能太快或者太慢？

3. 某样品中含有 1 mg A 蛋白（相对分子质量 10 000）、1 mg B 蛋白（相对分子质量 30 000）、4 mg C 蛋白（相对分子质量 60 000）、1 mg D 蛋白（相对分子质量 90 000）和 1 mg E 蛋白（相对分子质量 120 000），采用葡聚糖凝胶 G-75（排阻上下限为 3 000～70 000）凝胶柱层析，请指出各蛋白质的洗脱顺序。

实验十六 琥珀酸脱氢酶的竞争性抑制

一、实验目的

了解丙二酸对琥珀酸脱氢酶的竞争性抑制作用。

二、实验原理

某些物质在化学结构上与酶的底物相似，因而也能与酶的活性中心结合。当它的浓度增大时，就占据了酶的活性中心，使酶不能与底物结合，因而酶的活性受到抑制，这种抑制作用称为竞争性抑制。其特点：抑制作用的强弱取决于抑制剂的浓度和底物浓度的相对比例，若底物浓度大，抑制剂的抑制作用就减弱；若抑制剂浓度大，抑制剂的抑制作用就增强。

本实验是利用丙二酸与琥珀酸的结构相似，故可以竞争性地抑制琥珀酸脱氢酶对于琥珀酸的脱氢作用。

三、实验器材与试剂

1. 实验器材 恒温水浴锅、手术剪、研钵、试管及试管架、刻度吸管、漏斗、脱脂棉、吸水纸、小白鼠的肌肉。

2. 试剂、材料

(1) 0.1 mol/L 磷酸缓冲液（pH 7.4）：0.1 mol/L Na_2HPO_4 80.8 mL 和 0.1 mo/L KH_2PO_4 19.2 mL 混合。

(2) 0.04 mol/L 丙二酸钠溶液。

(3) 0.02 mol/L 琥珀酸钠溶液。

(4) 0.01% 美蓝溶液。

(5) 生理盐水。

(6) 液状石蜡。

四、实验步骤

(1) 取新杀死的小白鼠肌肉 3～5 g，用冰冷的生理盐水洗 2 次，用吸水纸吸去水分，放于研钵中，在冰浴中剪碎，研磨成糜状，加冰冷的 0.1 mol/L pH 7.4 的磷酸缓冲液 10 mL 研磨成浆状，用少量脱脂棉过滤，即得肌提液（酶液），低温保存。

（2）取试管 3 支，编号，按表 1 加入试剂。

表 1 竞争性抑制琥珀酸脱氢酶作用实验中各溶液加入量

试剂	管号		
	1	2	3
肌提液（mL）	2	2	2（煮沸）
蒸馏水（mL）	—	1	—
0.04 mol/L 丙二酸钠溶液（mL）	1	—	1
0.02 mol/L 琥珀酸钠溶液（mL）	2	2	2
0.01％美蓝溶液（滴）	5	5	5

（3）将各试管摇匀，并于液体上层滴加液状石蜡 5 滴，盖在液面上，以隔绝空气，置于 37℃水浴中保温，随时观察各试管中美蓝溶液的褪色情况，并记录时间。

（4）再次摇动试管，观察溶液颜色有何变化。

五、思考题

1. 为什么酶液的提取要在冰浴中进行？

2. 为什么要在反应液的上面覆加液状石蜡？保温过程中为什么不能摇动试管？

3. 各管中美蓝溶液的褪色情况有何不同？为什么？

实验十七 糖化酶的分离纯化

一、实验目的

1. 了解并熟悉盐析和分子筛凝胶过滤层析法分离纯化糖化酶的原理与方法。

2. 掌握有机溶剂沉淀法、等电点沉淀法制备糖化酶的基本方法。

二、实验原理

糖化酶广泛分布于能直接以淀粉为营养源的所有生物体中。该酶能将淀粉几乎完全地水解为葡萄糖，已广泛应用于淀粉糖浆及葡萄糖的工业生产。糖化酶的分离纯化实质是活性蛋白质的提纯过程。实验中选用工业糖化酶粗粉为原料。首先，加入一定比例的蒸馏水将酶浸出，离心后除去杂质，所得滤液为酶浸出液。然后，在浸出液中加入 70％饱和度的硫酸铵，使糖化酶沉淀析出。经离心分离获得的沉淀部分即为糖化酶的粗制品。经盐析法初步分离的糖化酶溶液含有大量的硫酸铵，会妨碍酶的进一步纯化，因此必须去除。常用的方法有透析法、凝胶过滤层析法等，本实验采用凝胶过滤层析法。凝胶过滤层析法是利用蛋白质与无机盐类之间相对分子质量的差异除去粗制品中的盐类。实验中先将盐析沉淀的糖化酶加水溶解，再将酶液通过葡聚糖凝胶 G-25 凝胶柱，然后用蒸馏水洗脱。凝胶层析中由于酶蛋白的直径大于凝胶网孔，只能沿着凝胶颗粒间的空隙以较快的速度流过凝胶柱，所以最先流出柱外；无机盐直径小于凝胶网孔，可自由进出凝胶颗粒的网孔，向下移动的速度慢，最后流出层析柱。因此，经过凝胶层析后可以达到脱盐的目的。

脱盐后的糖化酶溶液经等电点沉淀、有机溶剂沉淀等处理可得到较纯的酶制剂。再用无水乙醇脱水、干燥，即得到较纯的干酶制剂。

三、实验器材与试剂

1. **实验器材** 层析柱（1.5 cm×30 cm）、电子天平、低速离心机、吸量管、烧杯、冰浴、精密 pH 试纸、黑瓷板、白瓷板。

2. **试剂、材料**

(1) $(NH_4)_2SO_4$ 粉末。

(2) 30％三氯乙酸溶液。

（3）葡聚糖凝胶 G-25。

（4）糖化酶粗粉。

（5）95％乙醇。

（6）无水乙醇。

（7）奈氏试剂。

（8）1 mol/L 盐酸。

四、实验步骤

1. 糖化酶的浸出

（1）称取 2.0 g 糖化酶粗粉，置于离心管中，加入 20 mL 蒸馏水，用玻璃棒搅拌 15 min。

（2）在天平上将离心管平衡，置于离心机中，4 000 r/min 离心 15 min。弃去沉淀，上清液即为酶浸出液。

2. 硫酸铵盐析

（1）量出酶浸出液体积，称取（NH₄）₂SO₄ 粉末使达到 70％饱和度（472 g/L），边搅拌边缓慢加入酶浸出液中，待（NH₄）₂SO₄ 全部溶解后，在室温下放置 30 min。

（2）4 000 r/min 离心 15 min。弃上清液，沉淀即为盐析所得粗酶。加入 4 mL 蒸馏水，溶解后用滤纸过滤，备用。

3. 凝胶柱层析脱盐

（1）凝胶的处理。量取 40 mL 葡聚糖凝胶 G-25，倾入 150 mL 烧杯中，加入 2 倍量的蒸馏水，置于沸水浴中 1 h，并经常摇动使气泡逸出。取出冷却，待凝胶下沉后，倾去含有细微悬浮物的上层液。

（2）装柱平衡。选用 1.5 cm×30 cm 层析柱，垂直夹于铁架台上。层析柱滤板下必须充满水，不能留有气泡。向柱内加入少量水，将上述处理过的凝胶粒悬液连续注入层析柱内，直至所需凝胶床高度距层析柱上口 3～4 cm 为止。装柱时，凝胶床内不得有界面和气泡，凝胶床面应平整。打开下口夹，调节柱下口夹流速为 2 mL/min，用 2 倍柱床体积的蒸馏水平衡。关闭下口夹。

（3）上样与洗脱。再次打开下口夹，使床面上的水流出（或用滴管吸出）。待液面降到凝胶床表面时，关闭出水口。柱下面用 10 mL 量筒接液，以便了解加样后液体的流出量。用滴管吸取盐析所得酶液，在距床面 1 mm 处沿管内壁轻轻转动加入样品。然后打开下口夹，使样品进入床内，直到与床面平齐为止。立即用 1 mL 水冲洗柱内壁，待水进入凝胶床后再加少量水。如此重复 2 次，以洗净内壁上的样品溶液。然后加入适量水于凝胶床上，调流速 10 滴/min，开始洗脱。

（4）检测 NH_4^+ 与蛋白质。取黑、白瓷板各 1 块，在黑瓷板凹孔内加 1 滴 30％三氯乙酸溶液，检查流出液。待流出液出现白色浑浊或沉淀即表示有蛋白质析出，立即用试管收集。每管收集 2 mL，直到无白色沉淀时停止收集。取 1 滴含有酶蛋白的各试管酶液于白瓷板凹孔中，加入 1 滴奈氏试剂，检查有无 NH_4^+。合并经检查不含 NH_4^+ 的各管收集液，即为脱盐后的糖化酶液。

（5）处理凝胶柱。用蒸馏水流洗凝胶柱，直至用奈氏试剂检查流出液中不含 NH_4^+ 为止。关闭下口夹，凝胶柱备下组实验使用。

4. 酒精沉淀

（1）准确记录收集无盐酶液体积，用 1 mol/L 盐酸调至 pH 4.0。

（2）加入 2.5 倍体积的 95％冷乙醇，放置冰浴中静置 30 min。

（3）小心倾去上清液，浑浊液 4 000 r/min 离心 10 min。

（4）弃去上层清液，沉淀中加入无水乙醇少许，用玻璃棒搅拌成悬浮液，4 000 r/min 离心 5 min。弃上清液，沉淀即为初步纯化的酶制剂。

（5）将初步纯化的酶制剂涂于预先洁净、干燥、称重的表面皿内，室温下风干。称重后计算得率。

五、思考题

1. 本实验各步骤是根据蛋白质的什么性质设计的？

2. 本实验为什么用葡聚糖凝胶 G-25，而不用大型号的葡聚糖凝胶 G-200 等？

实验十八　糖酵解中间产物的鉴定

一、实验目的

1. 掌握糖酵解中间产物的鉴定方法和原理。

2. 熟悉通过酶的抑制作用调节代谢途径。

3. 通过碘乙酸和硫酸肼的作用，了解使中间产物堆积的方法在研究中间代谢中的意义。

二、实验原理

酵母中含有糖酵解反应所需要的所有酶类。在一系列酶的催化下，正常的代谢作用持续向前进行，中间产物的浓度往往很低，不易分析鉴定。若加入某种专一性的酶抑制剂，使代谢中间产物积累，则便于观察和分析鉴定。

3-磷酸甘油醛是糖酵解的中间产物，利用碘乙酸对3-磷酸甘油醛脱氢酶的抑制作用，使3-磷酸甘油醛不再向前变化而积累，硫酸肼作为稳定剂，可以保护3-磷酸甘油醛不会自发分解。在碱性条件下，2,4-二硝基苯肼与3-磷酸甘油醛反应生成2,4-二硝基苯腙-丙糖的红棕色复合物，其颜色的深浅与3-磷酸甘油醛含量成正比。

三、实验器材与试剂

1. 实验器材　电子天平、恒温水浴锅、移液管、涡旋混合器、漏斗、试管及试管架、滤纸。

2. 试剂、材料

（1）0.56 mol/L 硫酸肼溶液。称取 7.28 g 硫酸肼溶于 50 mL 蒸馏水中，加入 NaOH 使其 pH 为 7.4 时即全部溶解，溶解后加蒸馏水至 100 mL。

（2）2,4-二硝基苯肼溶液。称取 0.1 g 2,4-二硝基苯肼溶于 100 mL 2 mol/L HCl 溶液中，储于棕色瓶中备用。

（3）5%葡萄糖溶液。

（4）10%三氯乙酸溶液。

（5）0.75 mol/L NaOH 溶液。

（6）0.002 mol/L 碘乙酸溶液。

（7）新鲜酵母或活性干酵母。

四、实验步骤

（1）取 3 支试管，编号，分别加入新鲜酵母 1 g（或干酵母 0.5 g）。按表 1 加入试剂。

表 1 酵母中糖酵解反应中间产物鉴定各溶液加入量

管号	试剂				保温后气泡生成量
	5%葡萄糖（mL）	10%三氯乙酸（mL）	碘乙酸（mL）	硫酸肼（mL）	
1	10	2.0	1.0	1.0	
2	10	—	1.0	1.0	
3	10	—	—	—	

（2）将 3 支试管分别置于涡旋混合器混匀，同时放入 37℃恒温水浴 40～50 min。观察各试管顶端产生气泡量有何区别。

（3）记录各试管中产生的气泡量。第 2、第 3 支试管立即按表 2 补充加入试剂，并充分混匀。

表 2 酵母中糖酵解反应中间产物鉴定各溶液补充量

管号	试剂		
	10%三氯乙酸（mL）	碘乙酸（mL）	硫酸肼（mL）
2	2.0	—	—
3	2.0	1.0	1.0

（4）静置 10 min，滤纸过滤。另取 3 支试管，编号，按表 3 操作。

表 3 酵母中糖酵解反应中间产物鉴定各溶液加入量

管号	试剂						生成的颜色
	滤液（mL）	0.75 mol/L NaOH（mL）	室温放置 10 min	2,4-二硝基苯肼（mL）	37℃水浴保温 10 min	0.75 mol/L NaOH（mL）	
1	1.0	2.0		1.0		1.0	
2	1.0	—		1.0		1.0	
3	1.0	—		—		—	

五、思考题

1. 发酵过程中各试管产生的气泡量有何不同，为什么？
2. 各试管最后生成的颜色有何不同，为什么？

实验十九　植物组织游离脯氨酸含量的测定

一、实验目的

了解脯氨酸与植物逆境、衰老的关系，掌握脯氨酸测定原理和常规测定方法。

二、实验原理

植物在正常环境条件下，游离脯氨酸含量很低，但遇到干旱、低温、盐碱等逆境时，游离脯氨酸便大量积累，并且积累指数与植物的抗逆性有关。因此，测定植物体内游离脯氨酸的含量，在一定程度上可以判断逆境对植物的危害程度和植物对逆境的抵抗力。

在酸性条件下，脯氨酸与茚三酮反应生成稳定的红色缩合物，此缩合物在515 nm 处有最大吸收峰，可用分光光度法测定。

三、实验器材与试剂

1. 实验器材　分光光度计、水浴锅、漏斗、10 mL 试管数支、20 mL 具塞刻度试管数支、6.5～10 mL 滴管。

2. 试剂、材料

（1）酸性茚三酮溶液。称取 1.25 g 茚三酮溶于 30 mL 的冰乙酸和 20 mL 6 mol/L 磷酸溶液中，搅拌加热（低于 70℃）溶解，冷却后置于棕色瓶中，4℃保存可使用 2～3 d。

（2）80％乙醇。

（3）脯氨酸标准溶液。准确称取 10 mg 脯氨酸，用少量 80％乙醇溶解，蒸馏水定容至 100 mL，浓度为 100 μg/mL。用蒸馏水稀释成 1.0 μg/mL、2.5 μg/mL、5.0 μg/mL、10.0 μg/mL、15.0 μg/mL、20.0 μg/mL 的系列标准溶液。

（4）植物组织。

四、实验步骤

1. 脯氨酸标准曲线制作　取 7 支具塞刻度试管，按表 1 分别加入各浓度的脯氨酸系列标准溶液 2 mL（0 号管不加脯氨酸而加 2 mL 蒸馏水）、冰乙酸

2 mL、茚三酮溶液 2 mL，混匀后沸水浴中加热 20 min，冷却至室温，以 0 号管为对照，在波长 515 nm 下测定吸光度值。以 A_{515} 为纵坐标、脯氨酸含量为横坐标，绘制标准曲线。

表 1　脯氨酸标准曲线的制作

管号	脯氨酸含量（μg）	冰乙酸（mL）	茚三酮溶液（mL）	A_{515}
0	0	2.0	2.0	
1	1.0	2.0	2.0	
2	2.5	2.0	2.0	
3	5.0	2.0	2.0	
4	10.0	2.0	2.0	
5	15.0	2.0	2.0	
6	20.0	2.0	2.0	

2. 样品提取与测定

（1）称取 0.2～0.5 g 植物样品放入研钵中，用总量为 10 mL 80％乙醇中的小部分研磨成匀浆，将匀浆移入大试管中，并用剩余 80％乙醇洗研钵。试管加盖，黑暗环境中浸提 1 h（样品为绿色叶片时，应加入少许活性炭）。

（2）过滤上述提取液并加 1 g 人造沸石振荡 15 min，室温下以 3 000 r/min 离心 5 min。

（3）取上清液 2 mL，加入 2 mL 冰乙酸、2 mL 茚三酮溶液于试管中，充分混匀，沸水浴中加热 20 min。冷却至室温后，在 515 nm 波长下测定吸光度值。从标准曲线上查出待测样品中脯氨酸的含量（μg）。

3. 结果计算

$$脯氨酸含量（\mu g/g）= \frac{c \times 5}{W}$$

式中：

c ——标准曲线查得的待测样品脯氨酸含量（μg）；

5 ——提取脯氨酸时 80％乙醇（10 mL）与测定时所取样品液体积（2 mL）比；

W ——植物样品质量（g）。

五、思考题

1. 酸性茚三酮溶液为什么不能长时间保存？

2. 为什么取样量应当随处理时间延长而减少？

实验二十　超氧化物歧化酶活性测定

一、实验目的

学习并掌握利用氮蓝四唑光化还原法测定 SOD 酶活性的原理及方法。

二、实验原理

SOD 普遍存在于动植物体内，是一种清除超氧阴离子自由基（$\cdot O_2^-$）的酶。本实验依据 SOD 抑制氮蓝四唑（NBT）在光下的还原作用来确定酶活性的大小。在有氧化物质存在下，核黄素可被光还原，被还原的核黄素在有氧条件下极易再氧化而产生$\cdot O_2^-$，可将氮蓝四唑还原为蓝色的甲腙，后者在 560 nm 处有最大吸收峰，而 SOD 可清除$\cdot O_2^-$，从而抑制了甲腙的形成。于是，光还原反应后，反应液蓝色越深，说明酶活性越低；反之，酶活性越高。据此可以计算出酶活性大小。

三、实验器材与试剂

1. 实验器材　高速台式离心机、分光光度计、微量进样器、荧光灯（反应试管处光照度为 4 000 lx）、试管或指形管数支、研钵。

2. 试剂、材料

（1）0.05 mol/L 磷酸缓冲液（pH 7.8）。

（2）130 mmol/L 甲硫氨酸（Met）溶液。称取 1.939 9 g Met，用磷酸缓冲液定容至 100 mL。

（3）750 μmol/L NBT 溶液。称取 0.061 3 g NBT，用磷酸缓冲液定容至 100 mL，避光保存。

（4）100 μmol/L EDTA－2Na 溶液。称取 0.037 2 g EDTA－2Na，用磷酸缓冲液定容至 1 000 mL。

（5）20 μmol/L 核黄素溶液。称取 0.075 3 g 核黄素，用蒸馏水定容至 1 000 mL，避光保存。

四、实验步骤

1. 酶液提取　取一定部位的植物叶片（视需要定，去叶脉）0.5 g 于预冷的研钵中，加 1 mL 预冷的磷酸缓冲液在冰浴上研磨成匀浆，加缓冲液使终体积为 5 mL。在 4℃条件下，10 000 r/min 离心 20 min，上清液即为 SOD 粗提液。

2. 显色反应 取 5 mL 指形管（要求透明度好）4 支，2 支为测定管，另 2 支为对照管，按表 1 加入各溶液。混匀后，给 1 支对照管罩上比试管稍长的双层黑色硬纸套遮光，与其他各管同时置于 4 000 lx 日光灯下反应 10 min（要求各管照光情况一致，反应温度控制在 25～35℃，按酶活性高低，适当调整反应时间）。

表 1 超氧化物歧化酶酶活性测定——显色反应

试剂（酶）	用量（mL）	终浓度（比色时）
0.05 mol/L 磷酸缓冲液	1.5	
130 mmol/L Met 溶液	0.3	13 mmol/L
750 μmol/L NBT 溶液	0.3	75 μmol/L
100 μmol/L EDTA‑2Na 液	0.3	10 μmol/L
20 μmol/L 核黄素	0.3	2.0 μmol/L
酶液	0.05	2 支对照管以缓冲液代替酶液
蒸馏水	0.25	
总体积	3.0	

当样品数量较大时，可在临用前根据用量将表 1 中各试剂（酶液和核黄素除外）按比例混合后一次加入 2.65 mL，然后依次加入核黄素和酶液，使终浓度不变。

3. SOD 活性测定 至反应结束后，用黑布罩盖上试管，终止反应。以遮光的对照管作为空白，分别在 560 nm 下测定各管的吸光度值，计算 SOD 活性。

4. 结果计算 已知 SOD 活性单位以抑制 NBT 光化还原的 50% 为一个酶活性单位表示，按下式计算 SOD 活性。

$$\text{SOD 总活性（U/g）} = \frac{(A_{cx} - A_E) \times V_T}{0.5 \times A_{ck} \times W \times V_1}$$

$$\text{SOD 比活力（U/mg）} = \frac{\text{SOD 总活性}}{\text{蛋白质含量}}$$

式中：

A_{cx}——照光对照管的吸光度；

A_{ck}——遮光对照管的吸光度；

A_E——样品管的吸光度；

V_T——样品液总体积（mL）；

V_1 ——测定时样品用量（mL）；

W ——样品鲜重（g）；

SOD 总活性以酶单位每克鲜重表示，比活力以酶单位每毫克蛋白质表示。蛋白质含量以毫克每克表示。

注意事项：NBT 光还原的反应速度随反应温度的升高而加快，也随光照度的增加而加快，所以要灵活控制光照距离。

五、思考题

1. 在 SOD 测定中为什么设黑暗和照光两个对照管？

2. 影响本实验准确性的主要因素是什么？应如何克服？

3. 超氧自由基为什么能对机体活细胞产生危害？SOD 如何减少超氧自由基的危害？

实验二十一 过氧化物酶活性测定

一、实验目的

过氧化物酶是植物体内普遍存在的活性较高的一种酶，它与呼吸作用、光合作用及生长素的氧化等都有密切关系，在植物生长发育过程中，它的活性不断发生变化。因此，测量这种酶可以反映某一时期植物体内代谢的变化。

二、实验原理

在过氧化氢存在条件下，过氧化物酶能使愈创木酚氧化，生成茶褐色物质。该物质在 470 nm 处有最大吸收峰，可用分光光度计测量 470 nm 的吸光度变化，计算过氧化物酶活性。

三、实验器材与试剂

1. 实验器材 分光光度计、研钵、恒温水浴锅、100 mL 容量瓶、吸管、离心机。

2. 试剂、材料

（1）100 mmol/L 磷酸缓冲液（pH 6.0）。

（2）反应混合液：取 100 mmol/L 磷酸缓冲液（pH 6.0）50 mL 于烧杯中，加入愈创木酚 28 μL，于磁力搅拌器上加热搅拌，直至愈创木酚溶解。待溶液冷却后，加入 30% 过氧化氢 19 μL，混合均匀，保存于冰箱中。

（3）马铃薯块茎。

四、实验步骤

1. 酶液提取 称取植物材料 1 g，剪碎，放入研钵中，加适量的磷酸缓冲液研磨成匀浆，以 4 000 r/min 离心 15 min，上清液转入 100 mL 容量瓶中，残渣再用 5 mL 磷酸缓冲液提取 1 次，上清液并入容量瓶中，定容至刻度，储于低温下备用。

2. 反应及比色 取比色皿 2 只，于 1 只比色皿中加入反应混合液 3 mL 和磷酸缓冲液 1 mL，作为对照，另 1 只比色皿中加入反应混合液 3 mL 和上述酶液 1 mL（如酶活性过高可稀释），立即开启秒表记录时间，于分光光度计上测量波长 470 nm 下吸光度值，每隔 1 min 读数 1 次。

3. 结果计算 以每分钟每克鲜重吸光度变化值表示酶活性大小。也可以用每分钟内 A_{470} 变化 0.01 为 1 个过氧化物酶活性单位（U）表示。

$$POD 活性 [U/(g \cdot min)] = \frac{\triangle A_{470} \times V_T}{W \times V_S \times 0.01 \times t}$$

式中：

$\triangle A_{470}$ ——反应时间内吸光度的变化；

V_T ——提取酶液总体积（mL）；

W ——植物鲜重（g）；

V_S ——测定时取用酶液体积（mL）；

t ——反应时间（min）。

五、思考题

1. 植物过氧化物酶在植物代谢中有何意义？

2. 除愈创木酚外，还有什么化合物可用作过氧化物酶的底物？

实验二十二　过氧化氢酶活性测定

一、实验目的

学习过氧化氢酶活性的测定原理和方法，掌握酶活性的表示方法及影响反应速度的各种因素。

二、实验原理

过氧化氢酶能催化过氧化氢分解成水和氧。在过氧化氢酶溶液中加入一定量的过氧化氢，反应一定时间后，终止酶的活性，剩余的过氧化氢以钼酸铵作催化剂与碘化钾反应，游离的 I_2 用淀粉作指示剂，使用硫代硫酸钠溶液滴定至蓝色消失。反应如下：

$$H_2O_2 + 2KI + H_2SO_4 \longrightarrow I_2 + K_2SO_4 + 2H_2O$$

$$I_2 + 2Na_2S_2O_3 \xrightarrow[\text{钼酸铵（催化剂）}]{\text{淀粉（指示剂）}} 2NaI + Na_2S_4O_6$$

根据空白和测定之差，就可以得出被酶分解的 H_2O_2，以每分钟过氧化氢酶分解底物 H_2O_2 的质量（以 mg 计）表示酶活性的大小。

三、实验器材与试剂

1. 实验器材　三角瓶（100 mL）、漏斗、容量瓶（100 mL）、滴定台、蝴蝶夹酸式滴定管、移液管、恒温水浴锅、研钵。

2. 试剂、材料

（1）碳酸钙（固体）。

（2）0.1 mol/L $Na_2S_2O_3$。

（3）16% H_2SO_4。

（4）10%钼酸铵。

（5）1%淀粉。

（6）20% KI。

（7）0.05 mol/L H_2O_2。

（8）白菜叶。

四、实验步骤

1. 酶液制备　取白菜叶 2 g，剪碎。加 2 mL 蒸馏水和少许碳酸钙粉末，置于研钵中研磨成匀浆。转入 100 mL 容量瓶，用蒸馏水定容，摇匀，静止片刻后过滤，取滤液 10 mL，定容至 100 mL，即得粗酶液备用。

2. 酶促反应　取 4 个 100 mL 三角瓶，按照表 1 编号，并顺序加入各种试剂。

表 1　过氧化氢酶活性测定

试剂	编号			
	1（空白）	2（空白）	3（样品）	4（样品）
16% H_2SO_4（mL）	5	5	0	0
粗酶液（mL）	10	10	10	10
20℃水浴保温 5 min				
0.05 mol/L H_2O_2（mL）	5	5	5	5
16% H_2SO_4（mL）	0	0	5	5

3. 滴定　向各瓶中加入 1 mL 20% KI 和 3 滴钼酸铵，摇匀后用 0.1 mol/L $Na_2S_2O_3$ 滴定，待溶液呈淡黄色时，再加 5 滴淀粉指示剂，此时溶液呈深蓝色，继续滴定至蓝色消失为止，记录每次消耗的 $Na_2S_2O_3$ 的体积数。

4. 实验结果及数据处理

分解的 H_2O_2（mg）＝［空白值（mL）－样品值（mL）］×0.1×17.17

$$过氧化氢酶活性［mg/(g \cdot min)］＝\frac{分解的 H_2O_2（mg）×酶液稀释倍数}{样品重（g）×反应时间（min）}$$

式中：

0.1 ——$Na_2S_2O_3$ 物质的量浓度；

17.17——毫克当量过氧化氢换算成质量的系数。

注意事项：

（1）实验前，应将所用研钵、三角瓶和容量瓶等玻璃器皿冲洗干净，并注意移液管的分别使用，以避免酶遇强酸失活。

（2）注意加样顺序，并控制好酶反应的温度和时间。

（3）过氧化氢酶活性还可通过追踪其底物 H_2O_2 在 240 nm 的吸光度变化来测定。

五、思考题

1. 影响过氧化氢酶活力测定的因素有哪些？

2. 过氧化氢酶与哪些生物化学过程有关？

实验二十三　糖的颜色反应

一、实验目的

1. 了解糖类的某些颜色反应的原理。
2. 学习应用糖的颜色反应鉴别糖类的方法。

二、实验原理

1. 莫氏（Molish）**试验**　糖在浓无机酸（硫酸、盐酸）作用下，脱水生成糠醛或糠醛衍生物，从而能与 α-萘酚生成紫红色缩合物。因为糠醛及糠醛衍生物对此反应均呈阳性，故此反应不是糖类的特异反应。

2. 塞氏（Seliwanoff）**试验**　在浓酸作用下，酮糖脱水生成羟甲基糠醛，后者再与间苯二酚作用生成红色物质。此反应是酮糖的特异反应。糠醛在同样条件下呈色反应缓慢，只有在糖浓度较高或加热时间较长时，才呈微弱的阳性反应。在实验条件下，蔗糖有可能水解而呈阳性反应。

3. 杜氏（Tollen）**试验**　戊糖在浓酸溶液中脱水生成糠醛。后者再与间苯三酚结合生成深红色物质。本实验不是戊糖的特异反应，果糖、半乳糖和糖醛酸等都呈阳性反应，但戊糖反应最快。

三、实验器材与试剂

1. 实验器材　试管及试管架、水浴锅、棉花、滤纸、滴管。

2. 试剂

（1）莫氏试剂。5% α-萘酚的乙醇溶液，称取 α-萘酚 5 g，溶于 95% 的乙醇中，并用 95% 乙醇定容至 100 mL，储存于棕色瓶中。此试剂需新鲜配制。

（2）塞氏试剂。称取间苯二酚 0.05 g，溶于 30 mL 浓盐酸中，再用蒸馏水稀释至 100 mL。此试剂需新鲜配制。

（3）杜氏试剂。取 2% 间苯三酚乙醇（95%）溶液 3 mL，缓慢加入浓盐酸 15 mL 及蒸馏水 9 mL 即得。此试剂需新鲜配制。

（4）1% 葡萄糖溶液。

（5）1% 果糖溶液。

（6）1% 蔗糖溶液。

（7）1% 淀粉溶液。

（8）1%阿拉伯糖溶液。

（9）1%半乳糖溶液。

（10）浓硫酸。

四、实验步骤

1. 莫氏试验 于 4 支试管中，分别加入 1 mL 1%葡萄糖溶液、1%蔗糖溶液、1%淀粉溶液和少许纤维素（棉花或滤纸浸在 1 mL 水中），然后各加入莫氏试剂 2 滴，摇匀，将试管倾斜，沿管壁慢慢加入浓硫酸 1 mL，直立试管，切勿振摇。硫酸沉于试管底部与糖液分成 2 层。观察液面交界处有无紫红色环出现。

2. 塞氏试验 于 3 支试管中，分别加入 0.5 mL 1%葡萄糖溶液、1%蔗糖溶液、1%果糖溶液，各加入塞氏试剂 2.5 mL，摇匀，置于沸水浴中，比较各管颜色变化及红色出现的先后次序。

3. 杜氏试验 于 3 支试管中各加入杜氏试剂 1 mL，再于 3 支试管中分别加入 1 滴 1%葡萄糖溶液、1%阿拉伯糖溶液、1%半乳糖溶液，混匀。将 3 支试管同时放入沸水浴中，观察颜色变化，并记录颜色变化的时间。

五、思考题

1. 用何种反应鉴别酮糖？

2. α-萘酚实验的原理是什么？

实验二十四 糖的化学性质

一、实验目的

1. 掌握如何鉴别还原糖和非还原糖。
2. 掌握如何将非还原糖转化为还原糖。

二、实验原理

淀粉和蔗糖缺乏自由醛基，无还原性，但在酸的作用下，淀粉和蔗糖很容易水解成为糊精及少量麦芽糖、葡萄糖，使之具有还原性。淀粉溶液遇碘呈蓝色。

班乃德（Benedict）试剂为含 Cu^{2+} 的碱性溶液，能使具有自由醛基或酮基的糖氧化，自身则被还原成红色的 Cu_2O。

三、实验器材与试剂

1. 实验器材　试管及试管架、水浴锅、滴管。

2. 试剂

（1）班乃德试剂。称取 85 g 柠檬酸钠和 50 g 无水碳酸钠，溶于 400 mL 水中。另称取 8.5 g 硫酸铜，溶于 50 mL 热水中。将硫酸铜溶液缓慢加入柠檬酸钠-碳酸钠溶液中，边加边搅拌，如有沉淀可过滤。

（2）2% 葡萄糖溶液。

（3）2% 蔗糖溶液。

（4）2% 麦芽糖溶液。

（5）1% 淀粉溶液。

（6）2% 硫酸溶液。

（7）10% NaOH 溶液。

（8）0.1% 碘液。

（9）浓盐酸。

四、实验步骤

1. 糖的还原性（与班乃德试剂反应）　取 4 支试管，各加 1 mL 班乃德试剂，分别加 4 滴 2% 葡萄糖溶液、2% 蔗糖溶液、2% 麦芽糖溶液及 1% 淀粉溶液，摇动，混合均匀。将各试管同时放入沸水浴中加热 2～3 min，然后取出，放在试管架上冷却，注意观察试管中溶液颜色变化，是否有红色沉淀生成。

2. 蔗糖水解　取 2 支试管编号，各加 1 mL 2％蔗糖溶液和 1～2 mL 蒸馏水，向 1 号试管中加 3～5 滴 2％硫酸溶液，向 2 号试管中加 3～5 滴蒸馏水，混合均匀，然后将 2 支试管同时放入沸水浴中加热 10～15 min，取出，放在试管架上冷却，1 号试管用 10％ NaOH 溶液中和至中性。再向 1 号、2 号试管中各加 1 mL 班乃德试剂，摇动均匀，将 2 支试管同时放入沸水浴中加热 2～3 min，观察两管中颜色的变化。

3. 淀粉与碘的作用　取 1 支试管，加 10 滴 1％淀粉溶液和 1 滴 0.1％碘液，溶液立即出现蓝色。将试管放入沸水浴中加热 5～10 min，观察有何现象发生。然后取出试管，放置冷却，观察又有何变化。

4. 淀粉的水解　取 1 个小烧杯，加 10 mL 1％淀粉溶液和 8 滴浓盐酸，置于沸水浴中加热，每隔 2～5 min 取出 1 小滴淀粉水解液在白瓷板上，滴 1 滴 0.1％碘液，注意观察颜色的变化，直到无蓝色出现为止。冷却后，向小烧杯中逐滴加入 10％ NaOH 溶液至弱碱性为止。此时，取出 1 mL 淀粉水解液于 1 支试管中，另 1 支试管加 1 mL 1％淀粉溶液，在这 2 支试管中分别加入班乃德试剂，摇动均匀后，将 2 支试管同时放入水浴中加热 2～5 min，观察颜色变化。

五、思考题

淀粉遇碘变色实验为什么要在冷却后进行？

实验二十五 卵磷脂的提取、鉴定和应用

一、实验目的

掌握提取鉴定卵磷脂的原理及操作方法。

二、实验原理

卵磷脂是甘油磷脂的一种，由磷酸、脂肪酸、甘油和胆碱组成。

卵磷脂广泛存在于动植物中，在植物种子和动物的脑、神经组织、肝、肾上腺以及红细胞中含量最多。其中，蛋黄中的含量最丰富，高达 $8\%\sim10\%$，因而得名。

卵磷脂可溶于乙醚、乙醇等，因而可以利用这些溶剂进行提取。本实验以乙醚作为溶剂提取生蛋黄中的卵磷脂。通常粗提取液中含有中性脂肪和卵磷脂，两者浓缩后通过离心进行分离，下层为卵磷脂。

新提取的卵磷脂为白色蜡状物，遇空气可氧化成为黄褐色。这是由于其中不饱和脂肪酸被氧化所致。

卵磷脂的胆碱在碱性条件下可以分解为三甲胺，三甲胺有特殊的鱼腥味，可由此鉴别。

卵磷脂在食品工业中广泛用作乳化剂、抗氧化剂、营养添加剂。

三、实验器材与试剂

1. 实验器材 磁力搅拌器、离心机、水浴锅、锥形瓶、漏斗、真空干燥器。

2. 试剂、材料

（1）鸡蛋。

（2）花生油。

（3）乙醚。

（4）10% NaOH 溶液。

四、实验步骤

1. 卵磷脂的提取 取 15 g 生鸡蛋黄于 150 mL 锥形瓶中，加入 40 mL 乙醚，放入磁力搅拌器，室温下搅拌提取 15 min，然后静置 30 min，上层液用带

棉花塞的漏斗过滤,往残渣中再加入 15 mL 乙醚,搅拌提取 5 min。第二次提取液过滤后,与第一次提取液合并,于 60℃ 热水浴中蒸去乙醚,将残留物质倒入烧杯中,放入真空干燥器中减压干燥 30 min 以抽尽乙醚,约可得 5 g 粗提取物。通常粗提取物中含有中性脂肪和卵磷脂,将粗提取物离心 10 min(离心机转速 4 000 r/min),下层为卵磷脂,得 2.5~2.8 g。卵磷脂通过冷冻干燥得到无水的产物。

2. 卵磷脂的鉴定　取以上提取物约 0.1 g 于试管内,加入 10% NaOH 溶液 2 mL,水浴加热数分钟,嗅之是否有鱼腥味,以确定是否为卵磷脂。

3. 乳化作用　2 支试管中各加入 5 mL 水和 5 滴花生油,1 支加卵磷脂少许,另 1 支不加卵磷脂,加塞,极力振荡试管,使花生油分散。观察比较 2 支试管内的乳化状态。

五、思考题

1. 能对粗提取物进行离心分离的原理是什么?
2. 卵磷脂产生乳化作用的原因是什么?

实验二十六　氨基酸总量（氨态氮）的测定

一、实验目的

了解并掌握单指示剂和双指示剂甲醛滴定法测定氨基酸总量的方法与原理。

二、实验原理

1. 单指示剂甲醛滴定法　氨基酸具有酸、碱两重性质，因为氨基酸既含有—COOH（显酸性），又含有—NH_2（显碱性）。这两个基团可以相互作用，使氨基酸成为中性的内盐。当加入甲醛溶液时，—NH_2与甲醛结合，其碱性消失，破坏内盐的存在，因此可用碱来滴定—COOH，以间接方法测定氨基酸的量。

$$R-\underset{\underset{NH_2}{|}}{\overset{\overset{H}{|}}{C}}-COOH \xrightarrow{HCHO} R-\underset{\underset{NHCH_2OH}{|}}{\overset{\overset{H}{|}}{C}}-COOH \xrightarrow{HCHO} R-\underset{\underset{N(CH_2OH)_2}{|}}{\overset{\overset{H}{|}}{C}}-COOH$$

2. 双指示剂甲醛滴定法　双指示剂甲醛滴定法原理与单指示剂甲醛滴定法相同，只是使用了两种指示剂。从分析结果看，双指示剂甲醛滴定法与亚硝酸氮气容量法（此法操作复杂，不做介绍）相近，单指示剂甲醛滴定法结果稍偏低，主要是因为单指示剂甲醛滴定法是以氨基酸溶液的 pH 作为麝香草酚酞的终点，pH 为 9.2，而双指示剂甲醛滴定法是以氨基酸溶液的 pH 作为中性红的终点，pH 为 7.0，从理论计算看，双指示剂甲醛滴定法较为准确。

三、实验器材与试剂

1. 实验器材　电子秤、烧杯、滴定管、三角烧瓶、滴管。

2. 试剂

（1）单指试剂甲醛滴定法。

① 40％中性甲醛溶液，以麝香草酚酞为指示剂，用 1 mol/L NaOH 溶液中和。

② 0.1％麝香草酚酞乙醇溶液。

③ 0.100 mol/L 氢氧化钠标准溶液。

（2）双指示剂甲醛滴定法。

① 3 种试剂同单指试剂甲醛滴定法。

② 0.1％中性红（50％乙醇溶液）。

四、实验步骤

1. 单指示剂甲醛滴定法 称取一定量样品（约含 20 mg 的氨基酸）于烧杯中（如为固体，加水 50 mL），加 2～3 滴 0.1％麝香草酚酞乙醇溶液作指示剂，用 0.100 mol/L 氢氧化钠标准溶液滴定至淡蓝色（或 pH 8.2），此为游离酸度，不予计量。加入 40％中性甲醛溶液 20 mL，摇匀，静置 1 min，此时蓝色应消失。再用 0.100 mol/L 氢氧化钠标准溶液滴定至淡蓝色（或 pH 9.2），记录滴定所消耗的碱液量（mL）。按下述公式计算：

$$氨基酸态氮含量 = \frac{c \times V \times 0.014}{m} \times 100\%$$

式中：

c ——氢氧化钠标准溶液的物质的量浓度（mol/L）；

V ——氢氧化钠标准溶液消耗的总量（mL）；

0.014 ——氮的毫摩尔质量（g/mmol）；

m ——样品质量（g）。

2. 双指示剂甲醛滴定法 取相同量的 2 份样品，分别注入 100 mL 三角烧瓶中，一份加入中性红指示剂 2～3 滴，用 0.100 mol/L 氢氧化钠标准溶液滴定至终点（由红色变为琥珀色），记录用量 V_1，另一份加入 0.1％麝香草酚酞乙醇溶液 3 滴和 40％中性甲醛溶液 20 mL，摇匀，以 0.100 mol/L 氢氧化钠标准溶液滴定至淡蓝色，记录用量 V_2。按下述公式计算：

$$氨基酸态氮含量 = \frac{c \times (V_2 - V_1) \times 0.014}{m} \times 100\%$$

式中：

c ——氢氧化钠标准溶液的物质的量浓度（mol/L）；

V_2 ——用麝香草酚酞作指示剂时氢氧化钠标准溶液的消耗量（mL）；

V_1 ——用中性红作指示剂时氢氧化钠标准溶液的消耗量（mL）；

0.014 ——氮的毫摩尔质量（mmol）；

m ——样品的质量（g）。

注意：若测定时样品的颜色较深，应加活性炭脱色之后再滴定。

五、思考题

用实验中的方法可以测定蛋白质中含氨基酸的量吗？若能，怎样做？若不能，请说明原因。

实验二十七 氨基酸的薄层层析

一、实验目的

1. 掌握薄层层析法的一般原理。
2. 掌握氨基酸薄层层析法的基本操作技术。
3. 掌握如何根据相对迁移率（R_f）来鉴定被分离的物质（即氨基酸混合液）。

二、实验原理

薄层层析是一种将固定相在固体上铺成薄层进行层析的方法。由于该方法具有操作简便、层析展开时间短、灵敏度高、结果可视化等优点，已广泛应用于生物化学、医药卫生、化学工业、农业生产和食品等领域，对天然化合物的分离和鉴定也有重要作用。

薄层层析时，一般将固体吸附剂涂布在平板上形成薄层作为固定相。当液相（展开溶剂）在固定相上流动时，由于不同吸附剂对不同氨基酸的吸附力不一样，不同氨基酸在展开溶剂中的溶解度不一样，点在薄层板上的混合氨基酸样品随着展开剂的移动速率也不同，因而可以彼此分开，即通过吸附—解吸—再吸附—再解吸的反复进行，从而将样品各组分分离开。

吸附薄层中常用的吸附剂为氧化铝和硅胶。硅胶的表达式为 $SiO_2 \cdot xH_2O$。层析用硅胶是一种多孔性物质，它的硅氧环交链结构表面上密布极性硅醇基（—Si—OH），这种极性的硅醇基能与许多化合物形成氢键而产生吸附。其特点包括：硅胶的吸附能力比氧化铝稍弱，其吸附活性也与含水量呈负相关；硅醇基显较弱的酸性，因而只能用于中性或酸性成分的分离，碱性成分不能用它分离；硅胶的活化温度通常为 $105 \sim 110 ℃$，不能过高。本实验应用硅胶作为固定相支持物，用羧甲基纤维素钠作为黏合剂，以正丁醇、冰乙酸及水的混合液为展开剂，测定混合氨基酸中各分离斑点的相对迁移率——R_f（rate of flow），以分离和鉴别混合氨基酸。

层析中，物质沿溶剂运动方向迁移的距离与溶液前沿的距离之比称为 R_f。由于物质在一定溶剂中的分配系数是一定的，故 R_f 也是恒定的，因此可以根据 R_f 来鉴定被分离的物质。

氨基酸的显色反应：茚三酮水化后生成水化茚三酮，它与氨基酸发生羧基反应生成还原茚三酮、氨基醛。与此同时，还原茚三酮又与氨基茚三酮缩合生成蓝色化合物而使氨基酸斑点显色。

三、实验器材与试剂

1. 实验器材　层析板、烧杯、量筒、尺子、吹风机、毛细玻璃管、层析缸、烘箱。

2. 试剂

（1）氨基酸标准溶液。

① 0.01 mol/L 丙氨酸：称取丙氨酸 8.9 mg，溶于 90% 异丙醇溶液至 10 mL。

② 0.01 mol/L 精氨酸：称取精氨酸 17.4 mg，溶于 90% 异丙醇溶液至 10 mL。

③ 0.01 mol/L 甘氨酸：称取甘氨酸 7.5 mg，溶于 90% 异丙醇溶液至 10 mL。

（2）混合氨基酸溶液。将 0.01 mol/L 丙氨酸、精氨酸、甘氨酸按等体积制成混合溶液。

（3）硅胶 G。

（4）0.5% 羧甲基纤维素钠（CMC‐Na）。称取羧甲基纤维素钠 5 g，溶于 1 000 mL 蒸馏水中，煮沸，静置冷却，弃沉淀，取上清液备用。

（5）展开溶液。按 80∶10∶10（体积比）混合正丁醇、冰乙酸及蒸馏水，临用前配制。

（6）0.1% 茚三酮溶液。称取茚三酮 0.1 g，溶于无水丙酮至 100 mL。

（7）展层‐显色剂。按照 10∶1（体积比）混匀展开剂和 0.1% 茚三酮溶液。

四、实验步骤

1. 薄层板的制备

（1）调浆。称取硅胶 3 g，加 0.5% 羧甲基纤维素钠 8 mL，调成均匀的糊状。

（2）涂布。取洁净的干燥玻璃板均匀涂层。

（3）干燥。将玻璃板水平放置，室温下自然晾干。

（4）活化。在 70℃ 下烘干 30 min。切断电源，待玻璃板面温度下降至不烫手时取出。

2. 点样

（1）标记。用铅笔距底边 2 cm 水平线上均匀确定 4 个点并做好标记。每个样品间相距 1 cm。

（2）点样。用毛细管分别吸取丙氨酸、精氨酸、甘氨酸及混合氨基酸溶液，轻轻接触薄层表面点样。加样原点扩散直径不超过 2 mm。点样后用电吹风轻轻吹干，必要时重复加样。

3. 层析　将薄层板点样端浸入展层-显色剂，展层-显色剂液面应低于点样线，样点不能浸入溶液中。盖好层析缸盖，将层析缸盖涂上凡士林，防止层析液挥发，开始展层。当展层剂前沿距离薄层板顶端 2 cm 时，停止展层，取出薄板，用铅笔描出溶剂前沿边界线。

4. 显色　用热风吹干或在 90℃下烘干 30 min，即可显出各层斑点。

5. 数据记录并计算

（1）按照表 1 记录各氨基酸色斑中心至样品原点中心距离（a）及溶剂前沿至样品原点中心距离（b）。

表 1　氨基酸薄膜层析记录

各斑点	色斑中心至样品原点中心距离（a）	溶剂前沿至样品原点中心距离（b）
丙氨酸		
甘氨酸		
精氨酸		
混合点 1		
混合点 2		
混合点 3		

（2）根据公式 $R_f = a/b$ 计算出各氨基酸及混合点 R_f，并根据 R_f，鉴定出混合样品中氨基酸的种类。填写表 2。

表 2　氨基酸 R_f 的计算和种类鉴定

各斑点	R_f	氨基酸种类
丙氨酸		—
甘氨酸		—
精氨酸		—
混合点 1		
混合点 2		
混合点 3		

6. 注意

（1）吸附剂。薄层层析用的吸附剂如氧化铝和硅胶的颗粒大小一般以通过

200 目左右筛孔为宜。如果颗粒太大，展开时溶剂推进速度太快，分离效果不好；反之，如果颗粒太小，展开时太慢，斑点易拖尾，分离效果也不好。

（2）点样。点样的次数依照样品溶液的浓度而定，样品量太少时，有的成分不易显示；样品量太多时，易造成斑点过大，互相交叉或拖尾，不能得到很好的分离，点样后的斑点直径一般为 0.2 cm。

（3）避免污染。整个层析过程中，避免用手接触层析板，必要时需戴上手套。

五、思考题

1. 根据几种标准氨基酸的结构推测它们在本实验条件下 R_f 大小顺序，并说明理由。

2. 本实验用的指示剂属于哪类指示剂？其显色原理是什么？

实验二十八 蛋白质含量测定

紫外分光光度法测定蛋白质含量

一、实验目的

掌握紫外分光光度法测定蛋白质含量的方法。

二、实验原理

蛋白质分子中存在含有共轭双键的酪氨酸和色氨酸,使蛋白质对 280 nm 波长的光波具有最大吸收值,在一定的波长范围内,蛋白质溶液的吸光度值与其浓度成正比,可做定量测定。该法操作简单、快捷,并且测定的样品可以回收,低浓度盐类不干扰测定,故在蛋白质和酶的生化制备中广泛被采用,但此方法存在以下缺点。

(1)当待测的蛋白质中酪氨酸和色氨酸残基含量差别较大时会产生一定的误差,故该法适用于测定与标准蛋白质中氨基酸组成相似的样品。

(2)若样品中含有其他在 280 nm 波长处有吸收的物质如核酸等化合物,就会出现较大的干扰。但核酸的吸收峰值在 260 nm 处,因此分别测定 280 nm 和 260 nm 两处的吸光度值,通过计算可以适当地消除核酸对于测定蛋白质浓度的干扰作用。但因为不同的蛋白质和核酸的紫外吸收是不同的,虽经校正,测定结果还存在着一定的误差。

三、实验器材与试剂

1. 实验器材 紫外分光光度计、移液管、试管及试管架、比色皿。

2. 试剂

(1)标准蛋白质溶液:准确称取经凯氏定氮法校正的牛血清白蛋白,配制成浓度为 1 mg/mL 的溶液。

(2)待测蛋白质溶液:酪蛋白稀释溶液,使其浓度在标准曲线范围内。

四、实验步骤

1. 标准曲线的制作 取 3 支试管,编号,按照表 1 要求加入各试剂,混匀,在波长 280 nm 处测定各管的吸光度值。以蛋白质的浓度为横坐标、吸光度值为纵坐标，绘制出牛血清白蛋白的标准曲线。

表1　标准曲线的制作

项目	管号							
	1	2	3	4	5	6	7	8
牛血清白蛋白溶液（mL）	0	0.5	1.0	1.5	2.0	2.5	3.0	4.0
蒸馏水（mL）	4.0	3.5	3.0	2.5	2.0	1.5	1.0	0
蛋白质浓度（mg/mL）	0	0.125	0.25	0.375	0.50	0.625	0.75	1.00
A_{280}								

2. 未知样品的测定　取待测蛋白质溶液 1 mL，加入 3 mL 蒸馏水，在 280 nm 波长处测定其吸光度值，并从标准曲线上查出待测蛋白质的浓度。

考马斯亮蓝（Bradford）法测定蛋白质含量

一、实验目的

学习考马斯亮蓝 G－250 染色法（Bradford 法）测定蛋白质的原理和方法。

二、实验原理

1976 年，Bradford 根据考马斯亮蓝 G－250 与蛋白质结合的原理，开发了迅速而准确地定量蛋白质的方法。染料与蛋白质结合后引起染料最大吸收光的改变，即从 465 nm 变为 595 nm。蛋白质-染料复合物具有高的消光系数，因此大大提高了蛋白质测定的灵敏度（最低检出量为 1 μg）。染料与蛋白质的结合是很迅速的过程，大约只需 2 min，结合物的颜色在 1 h 内是稳定的。一些阳离子（如 K^+、Na^+、Mg^{2+}）、$(NH_4)_2SO_4$、乙醇等物质不干扰测定，而大量的去污剂（如 TritonX－100、SDS 等）严重干扰测定，少量的去污剂可通过用适当的对照而消除。由于该法简单、迅速、干扰物质少、灵敏度高，现已广泛用于蛋白质含量的测定。

三、实验器材与试剂

1. 实验器材　天平、分光光度计、比色皿、移液管。

2. 试剂

（1）考马斯亮蓝 G－250 染色液。称取 100 mg 考马斯亮蓝 G－250，溶于 50 mL 95％乙醇中，加入 100 mL 85％磷酸，将溶液用水稀释到 1 000 mL。

（2）标准蛋白质溶液。准确称取经凯氏定氮法校正的牛血清白蛋白，配制成浓度为 0.1 mg/mL 的溶液。

（3）未知样品液。

四、实验步骤

1. 牛血清白蛋白标准曲线的制作　取 6 支试管，编号，按表 2 要求加入各试剂，混匀后静置 2 min，以 1 号管作为空白对照，测定各管在 595 nm 波长处的吸光度值，以蛋白质浓度为横坐标、吸光度值为纵坐标，绘制标准曲线。

表 2　牛血清白蛋白标准曲线的制作

项目	管号					
	1	2	3	4	5	6
标准蛋白质溶液（mL）	0	0.15	0.30	0.45	0.60	0.75
水（mL）	1	0.85	0.70	0.55	0.40	0.25
每管中所含标准蛋白质的量（μg/mL）	0	15	30	45	60	75
考马斯亮蓝 G-250 染色液（mL）	5	5	5	5	5	5
	室温下静置 2 min					
A_{595}						

2. 未知样品中蛋白质的测定　取未知浓度的蛋白质溶液（通过适当稀释，使其浓度控制在 0.015～0.1 mg/mL），加到试管内，再加入考马斯亮蓝 G-250 染色液 5 mL，混匀，测定其在 595 nm 波长处的吸光度值，对照标准曲线求出未知蛋白质溶液的浓度。

总氮量的测定——微量凯氏定氮法

一、实验目的

1. 学习和掌握微量凯氏定氮法的原理。
2. 掌握微量凯氏定氮法的操作技术。

二、实验原理

当被测定的天然含氮有机物与浓硫酸共热消化时，分解出氨、二氧化碳和水，其中氨与硫酸化合成硫酸铵。由于分解反应进行得很慢，故可加入硫酸铜和硫酸钾或硫酸钠，其中硫酸铜为催化剂，硫酸钾或硫酸钠可提高消化液的沸点，氧化剂（过氧化氢）也能加速反应。

消化终止后，在凯氏定氮仪中加入强碱碱化消化液，使硫酸铵分解释放出氨；用水蒸气蒸馏法，将氨蒸入过量的标准无机酸溶液中，全部蒸完之后，用标准盐酸滴定各锥形瓶中收集的氮量，准确测定氮量，从而折算出蛋白质含量。

三、实验器材与试剂

1. 实验器材 凯氏烧瓶、小漏斗、锥形瓶、酸式滴定管、移液管、容量瓶、量筒、凯氏定氮仪（图1）。

2. 试剂

（1）浓硫酸（化学纯）。

（2）30%氢氧化钠溶液。

（3）3%硼酸溶液。

（4）0.01 mol/mL 盐酸标准溶液。

（5）混合指示剂：0.2%甲基红的乙醇溶液1份和0.2%溴甲酚绿的乙醇溶液5份，混合。

（6）硼酸指示剂混合液：5 mL 的 3%硼酸溶液加入1~2滴混合指示剂。

（7）硫酸钾-硫酸铜粉末混合物 200 mg：K_2SO_4 与 $CuSO_4 \cdot 5H_2O$ 质量比为 6:1。

（8）10%奶粉溶液：称取 10 g 奶粉，加入 100 mL 水中。

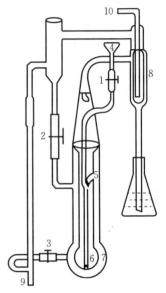

图 1 凯氏定氮仪

1、2、3. 弹簧夹 4. 加样漏斗

5. 进气口 6. 反应室 7. 夹套

8. 冷凝管 9. 出水口 10. 进水口

四、实验步骤

1. 消化 准备3个50 mL 的凯氏烧瓶并标号，向1号、2号烧瓶中准确加入1 mL 10%奶粉溶液，注意将溶液（固体样品同样）加到烧瓶的底部，勿使其黏在瓶口及瓶颈。于3号烧瓶中加入1 mL 蒸馏水作为空白对照，用以测定试剂可能含有的微量含氮物质。

用小纸条向每个烧瓶中加入约200 mg 硫酸钾-硫酸铜粉末混合物，再加入浓硫酸（化学纯）5 mL。将瓶口上放一小漏斗，再把凯氏烧瓶斜置于铁丝筐内，在通风橱中用电炉加热消化。消化开始以微火加热，首先看到烧瓶内物质炭化变黑，并产生大量泡沫。此时要特别注意，不能让黑色物质上升到烧瓶颈部，否则将影响样品的测定结果。当混合物不再发生泡沫时，升高温度，使瓶内液体微微沸腾。假如在瓶颈上发现有黑色颗粒，应小心将烧瓶倾斜振荡，用消化液将颗粒冲下来；在消化中要时常转动烧瓶，使全部样品浸泡在硫酸内，以便在微沸的硫酸内不断消化。消化至溶液呈蓝绿色透明时（大约 2 h），停止加热，使烧瓶自然冷却至室温。用蒸馏水将消化液无损地转入 50 mL 容量瓶中，稀释至刻度，混匀备用。

2. 蒸馏

（1）仪器的洗涤。仪器使用前应先经一般洗涤，再经水蒸气洗涤。一般洗涤是用水洗净仪器，每次实验后要洗去氢氧化钠溶液，以防止样品加入时立即放氨。使用前全部蒸馏装置必须用水蒸气充分洗涤，用水蒸气洗涤蒸馏器的目的在于洗去冷凝管中可能残留的氨。对于处于使用状态的仪器（尤其是正在测定中的仪器），加样前使蒸气通过 1～2 min 即可。对于较长时间未使用的仪器，必须用水蒸气洗涤到吸收蒸气的硼酸指示剂混合液中指示剂颜色合格为止。

如图 1 所示，先煮沸蒸气发生器（蒸气发生器中盛有硫酸酸化的蒸馏水，需放几块沸石或耐火砖以防爆沸），关闭夹子 2，使蒸气通过反应室中的插管进入反应室，再由冷凝器冷凝 5 min 左右后，在冷凝器下口放一个盛有硼酸指示剂混合液的锥形瓶，倾斜使冷凝器下口端完全浸没在液体内，继续蒸气洗涤 1～2 min，观察锥形瓶内液体颜色是否改变，如无变化，证明蒸馏器内部已洗涤干净。

实际所用的指示剂极为灵敏，因此很难保证不变色。含有指示剂的硼酸溶液正常呈棕红色，即使不接受氨蒸气，放在室内桌面上几分钟后，也可能会因为吸收了空气中的二氧化碳而变成灰色或暗绿色。在洗涤较长时间未使用的仪器，用硼酸指示剂混合液鉴定时，若 1～2 min 后溶液未变成鲜绿色，而只变成灰色或暗绿色，即可认为是基本上未变色，仪器已经洗净。向下移动锥形瓶，使硼酸液面离开冷凝管口约 1 cm，继续通蒸气 1 min，最后用水冲洗冷凝管外口，移开火焰，打开夹子 1、夹子 2，即可准备样品测定。

加样前反应室内液体应尽量少，以免降低碱浓度而延长反应时间，使氨蒸馏不完全。

（2）样品及空白蒸馏。

① 加样。加样前先撤火（熟练后此步可省去，不撤火），并打开夹子 1、夹子 2（这是本实验的关键，否则样品会被倒抽到反应室外）。用移液管吸取 5 mL 或 10 mL 稀释消化液，放入小漏斗，打开夹子 1，使稀释消化液缓慢流入反应室，然后将夹子夹紧。取 1 支盛有硼酸指示剂混合液的锥形瓶，放在冷凝器下口，冷凝器下口必须浸没在硼酸液面之下。目的是保证反应室的样品放出的氨全部被硼酸吸收。用量筒向小漏斗中加入 10 mL 30% 氢氧化钠溶液，打开夹子 1 使之缓慢地流入反应室，在碱液尚未完全流入时，将夹子 1 夹紧，

向小漏斗中加入约 5 mL 蒸馏水，再稍松开夹子，使一半蒸馏水流入反应室，另一半留在漏斗中做水封。

② 蒸馏。用电炉（或煤气灯）加热水蒸气发生器，沸腾后，夹紧夹子1、夹子2，开始蒸馏。锥形瓶中硼酸指示剂混合液吸收了氨，由紫红色变为绿色，自变色时起，蒸馏 3～5 min，移动锥形瓶使硼酸液面离开冷凝管下口约 1 cm，并用少量蒸馏水洗涤冷凝管下口外面，继续蒸馏 1 min，拿开锥形瓶，用表面皿覆盖瓶口，重复以上操作 2 次，做 3 个平行样，分别用 0.01 mol/L 盐酸标准溶液滴定。

③ 排废液及洗涤。一次蒸馏结束后，为了排出反应后的废液，在小漏斗中放入蒸馏水，并加热水蒸气发生器，待蒸气很足、气液分离温度很高，反应室中液体沸腾，连续不断地冒泡，这时打开夹子，使冷水流入反应室，同时立即用左手用劲捏橡皮管位置，此时气液分离器中的蒸气比反应室中的多，遇冷收缩较大，压力降低较快，结果使反应室中的废液通过反应室中的插管自动地被抽到气液分离器中，如此反复几次即可排尽反应废液及洗涤废液。若气液分离器中有较多的废液，可打开夹子放出废液，再关闭夹子，使蒸气通过全套蒸馏仪数分钟后，继续下一次蒸馏。

3. 滴定　全部蒸馏完毕后，以 0.01 mol/L 盐酸标准溶液滴定各锥形瓶中收集的氨量，滴定至硼酸溶液显淡紫红色为止（滴定终点），记录消耗盐酸标准溶液的体积。

4. 计算

$$样品的总氮含量 = \frac{C_{HCl}(V_样 - V_空) \times 14}{1000} \times \frac{D}{V_1} \times \frac{1}{m} \times 100\%$$

式中：

C_{HCl}——盐酸标准溶液物质的量浓度（mol/L）；

$V_样$　——样品消耗盐酸标准溶液的体积（mL）；

$V_空$　——空白消耗盐酸标准溶液的体积（mL）；

D　——样品消化后稀释的体积（mL）；

V_1　——稀释后的消化液用于蒸馏的体积（mL）；

m　——样品的质量（g）。

样品中粗蛋白含量＝总氮含量×6.25。

五、思考题

1. 说出消化过程中消化液颜色变化及其原因。

2. 消化时加硫酸钾-硫酸铜粉末的原因是什么？30％氢氧化钠溶液的作用是什么？3％硼酸溶液的作用是什么？

双缩脲法测定蛋白质含量

一、实验目的

掌握用双缩脲法测定蛋白质含量的基本操作方法。

二、实验原理

具有 2 个或 2 个以上肽键的化合物皆可发生双缩脲反应，蛋白质在碱性溶液中能与 Cu^{2+} 配合生成紫红色化合物，颜色深浅与蛋白质浓度成正比，故可用比色法进行测定，根据标准曲线进行计算可以确定蛋白质浓度。

三、实验器材与试剂

1. 实验器材　紫外分光光度计、试管、移液管等。

2. 试剂

（1）双缩脲试剂。将 0.175 g $CuSO_4 \cdot 5H_2O$ 溶于约 15 mL 蒸馏水中，置于 100 mL 容量瓶中，加入 30 mL 浓氨水、30 mL 冰冷的蒸馏水、20 mL 饱和 NaOH 溶液，摇匀，室温下放置 1～2 h，再加蒸馏水至刻度，摇匀备用。

（2）牛血清白蛋白溶液。称取一定量的牛血清白蛋白（用凯氏定氮仪准确测定蛋白质含量），溶于 100 mL 0.9% NaCl 溶液，配制成蛋白质浓度为 1 mg/mL 的标准蛋白质溶液。

（3）未知蛋白质溶液。

四、实验步骤

1. 标准曲线的绘制　取干净的 10 mL 刻度试管进行编号，按表 3 加入试剂。

表 3　标准曲线的绘制

项目	试管号					
	1	2	3	4	5	6
标准蛋白质溶液（mL）	1.0	2.0	3.0	4.0	5.0	6.0
蒸馏水（mL）	9.0	8.0	7.0	6.0	5.0	4.0
蛋白质浓度（mg/mL）	0.1	0.2	0.3	0.4	0.5	0.6

取干净试管 7 支，按 0、1、2、3、4、5、6 分别编号，0 号加入 3 mL 蒸馏水，其余各管分别加入上述不同浓度的蛋白质溶液 3 mL，各管均加入双缩脲试剂 2.0 mL，除 0 号管外，充分混匀，各管有紫红色颜色出现，在 540 nm

波长处测定各管的吸光度 A_{540}，以蛋白质含量为横坐标、A_{540} 为纵坐标，绘制标准曲线。

2. 未知样品中蛋白质含量的测定　准确吸取未知浓度的蛋白质样品溶液 3 mL 于干净试管内，加入双缩脲试剂 2.0 mL，混匀，在 540 nm 波长处测定其吸光度值，根据标准曲线计算出该溶液的蛋白质浓度。

Folin-酚试剂法

一、实验目的

1. 学习 Folin-酚试剂法测定牛血清蛋白质含量的原理和方法。
2. 进一步掌握比色法或分光光度法在实际测量中的应用和注意事项。

二、实验原理

Folin-酚试剂法是测定蛋白质含量的经典方法，它是在双缩脲法的基础上发展而来的。它操作简单、迅速、灵敏度高，较双缩脲法灵敏度高 100 倍。Folin-酚试剂法所用的试剂由两部分组成，试剂 A 相当于双缩脲试剂。蛋白质中的肽键与试剂 A 中的碱性硫酸铜反应形成铜-蛋白质复合物，这个复合物可与试剂 B 中磷钼酸-磷钨酸发生氧化还原反应。磷钼酸与磷钨酸易被酚类化合物还原而呈蓝色，蛋白质中的酪氨酸和色氨酸均可发生此呈色反应，颜色的深浅与蛋白质的浓度成正比，故可用比色法测定蛋白质的含量。

Folin-酚试剂法易受蛋白质样品中酚类化合物及柠檬酸的干扰。另外，试剂 B 中的磷钼酸-磷钨酸仅在酸性条件下稳定，故在将试剂 B 加入碱性的铜-蛋白质溶液时，必须立即混合均匀，以确保还原反应能正常发生。

此法也适用于酪氨酸和色氨酸的定量测定。

三、实验器材与试剂

1. 实验器材　分光光度计、试管及试管架、吸管。

2. 试剂

(1) Folin-酚试剂 A。将 1 g Na_2CO_3 溶于 50 mL 0.1 mol/L NaOH 溶液中，另将 5 g 硫酸铜溶于 1 000 mL 1‰酒石酸钾钠溶液中，使用当天将 50 mL Na_2CO_3-NaOH 和 1 mL 硫酸铜-酒石酸钾钠混合即得 Folin-酚试剂 A。

(2) Folin-酚试剂 B。在一个 2 000 mL 的磨口圆底烧瓶中加入 100 g 钨酸钠、25 g 钼酸钠、700 mL 蒸馏水、50 mL 85%磷酸、100 mL 浓盐酸，充分混匀后，接上回流冷凝器，连续加热回流 10 h，小心去除冷凝器，加入 150 g 硫酸锂、50 mL 蒸馏水、数滴溴（加溴应在通风橱内操作），充分混合，继续加热烧瓶 20 min，除去多余的溴，冷却后，加水稀释至 1 000 mL，混合均匀，溶液应是黄绿色的，此溶液即为 Folin-酚试剂 B。

（3）牛血清白蛋白溶液（500 μg/mL）。

（4）稀释 100 倍正常人的血清。

四、实验步骤

1. 标准曲线的绘制　取 7 支试管，分别编号为 0～6，做好标记，按表 4 加入试剂。将各管混合均匀，室温下放置 30 min。以 0 号管作空白，于 500 nm 波长处测定各管溶液的吸光度，以吸光度为纵坐标、牛血清白蛋白含量为横坐标，绘制牛血清白蛋白的标准曲线。

表 4　标准曲线的绘制

项目	试管号						
	0	1	2	3	4	5	6
牛血清白蛋白溶液（mL）	0	0.1	0.2	0.3	0.4	0.5	0.6
蒸馏水（mL）	1	0.9	0.8	0.7	0.6	0.5	0.4
每管中所含牛血清白蛋白的量（μg/mL）	0	50	100	150	200	250	300
Folin-酚试剂 A（mL）	5	5	5	5	5	5	5
				静置 15 min			
Folin-酚试剂 B（ml）	0.5	0.5	0.5	0.5	0.5	0.5	0.5
				静置 30 min			

2. 血清样品的测定　准确吸取血清样品 0.2 mL，加入 0.8 mL 蒸馏水，使样品体积达到 1 mL，加入 5 mL Folin-酚试剂 A，15 min 后，加入 Folin-酚试剂 B 0.5 mL，放置 30 min 后，以 0 号管为空白，于 500 nm 波长处测定吸光度，由标准曲线查出样品的蛋白质浓度。

实验二十九　　果胶酶活力的测定

一、实验目的

学习果胶酶活力测定的原理和方法。

二、实验原理

果胶酶制剂中的果胶酯酶（PE）、聚甲基半乳糖醛酸酶（PMG）、聚半乳糖醛酸酶（PG）分别对果胶质起酯解作用，产生甲醇和果胶酸；水解作用产生半乳糖醛酸和寡聚半乳糖醛酸；裂解作用产生不饱和醛酸和寡聚半乳糖醛酸。这些产物的醛基在碱性溶液中与二价铜离子共热，使其还原成氧化亚铜沉淀。氧化亚铜与砷钼酸反应生成蓝色物质。根据已知半乳糖醛酸显色反应确定产物量，表示酶活力。

三、实验器材与试剂

1. 实验器材　试管及试管架、水浴锅、棉花、滤纸、滴管。

2. 试剂

（1）甲试剂。称取纯酒石酸钾钠 12 g、无水碳酸钠 24 g，加水 250 mL，搅匀，向此液中缓慢加入 10％硫酸铜溶液 40 mL、碳酸氢钠 16 g。另取 500 mL 热水，加入无水硫酸铜 180 g，煮沸驱逐溶存气体，冷却后，注入 1 L 容量瓶中，两液混合定容至 1 L。长期存放后，如有少量红色氧化亚铜沉淀，应予以过滤，滤液可在室温下长期保存。

（2）乙试剂。称取钼酸铵 $[(NH_4)Mo_7O_{24}\cdot 4H_2O]$ 25 g，溶于 450 mL 水中，再缓慢加入浓硫酸 21 mL。另取 25 mL 水，溶解纯结晶砷酸二钠 $(Na_2HAsO_4\cdot 7H_2O)$ 3 g（可用 $H_4As_2O_7$ 1.28 g，以 1 mol/L NaOH 溶液 19.24 mL 溶解，再加水 4.75 mL 代替此液），然后将其慢慢加入上述溶液中，充分混合，在 37℃下放置 24～48 h，待溶液逐渐变成黄色后，转移至棕色细口瓶中保存。

（3）酶液。将酶粉适当稀释、过滤备用。

（4）果胶溶液。果实均质后，离心，取上清液。稀释备用。

3. 绘制标准曲线　分别取 100 μg/mL 半乳糖醛酸钠溶液 0.2 mL、0.4 mL、0.6 mL、0.8 mL、1.0 mL 放入 5 支试管中，再分别加水至 1 mL。向各管加甲

试剂 1 mL，置于沸水浴煮 10 min，冷却至不烫手时加乙试剂 1 mL，稀释至 12.5 mL。在波长 620 nm 处比色，以吸光度值为纵坐标、半乳糖醛酸钠含量（μg）为横坐标，绘制标准曲线。

四、实验步骤

1. 果胶酶活力测定　取果胶溶液 0.5 mL，在 50℃ 水浴中保温 3 min，平衡后，加稀释酶液 0.5 mL。保温 3 min 后立即加入甲试剂 1 mL，沸水浴煮沸 10 min，冷却，加乙试剂 1 mL，加水定容至 12.5 mL。在波长 620 nm 处比色，查标准曲线确定 0.5 mL 稀释液作用后生成的产物量（μg）。

2. 计算　在上述条件下，每小时由底物产生 1 mg 半乳糖醛酸的酶量定为一个酶活力单位。

$$酶活力（U）=\frac{S}{30\times0.5}\times60\times n\times1/1000$$

式中：

S　　——A_{620} 相当的半乳糖醛酸量（μg）；

30　　——反应时间为 30 min；

0.5　　——酶液体积（mL）；

60　　——换算为 1 h 的系数；

n　　——酶液稀释倍数；

1/1 000——由微克换算为毫克的系数。

五、思考题

1. 本实验测定果胶酶活力的原理是什么？
2. 试利用其他方法测定果胶酶活力。

实验三十　植物组织中 DNA 和 RNA 的提取与鉴定

一、实验目的

1. 学习和掌握从植物组织中分离核酸的原理及操作方法。

2. 学习和掌握测定核酸含量的定糖法（苔黑酚法和二苯胺法）的原理及操作方法。

二、实验原理

核酸是生物体内的主要化学成分，核酸在生物体内主要以核蛋白的形式存在。核酸分为脱氧核糖核酸（DNA）和核糖核酸（RNA）。DNA 主要存在于细胞核中，RNA 主要存在于细胞质中。

先用冰冷的稀三氯乙酸或高氯酸溶液在低温下抽提植物组织匀浆，以除去酸溶性小分子物质。再用有机溶剂（如乙醇、乙醚等）抽提，去除脂溶性的磷脂等物质。最后用浓盐溶液（10％氯化钠溶液）和 0.5 mol/L 高氯酸溶液（70℃）分别提取 DNA 和 RNA。

由于 DNA 和 RNA 有特殊的颜色反应，经显色后所呈现的颜色深浅在一定范围内与样品中所含 DNA 和 RNA 的量成正比，因此可用定糖法来定性、定量测定核酸。

1. 核糖的测定　测定核糖的常用方法是苔黑酚法。苔黑酚又名 3,5 - 二羟基甲苯。当含有核糖的 RNA 与浓盐酸及 3,5 - 二羟基甲苯在沸水浴中加热 10～20 min 后，有绿色化合物产生。这是因为 RNA 脱嘌呤后的核糖与酸作用生成糠醛，后者再与 3,5 - 二羟基甲苯作用生成绿色物质。DNA、蛋白质和黏多糖等物质对测定有干扰作用。

$$\text{RNA} + \text{浓硫酸} + \underset{\text{HO}}{\underset{\text{OH}}{\bigcirc}}\overset{\text{CH}_3}{} \xrightarrow[\text{FeCl}_3]{100℃} \text{绿色化合物}$$

2. 脱氧核糖的测定　测定脱氧核糖的常用方法是二苯胺法。含有脱氧核糖的 DNA 在酸性条件下与二苯胺在沸水浴中共热后，产生蓝色，这是因为 DNA 嘌呤核苷酸上的脱氧核糖遇酸生成 ω - 羟基 - 6 - 酮基戊酸，再与二苯胺作用产生蓝色物质。RNA、蛋白质和黏多糖等物质对测定有干扰作用。

DNA＋少量浓硫酸或冰乙酸＋ [苯胺结构式] $\xrightarrow{100℃}$ 蓝色物质

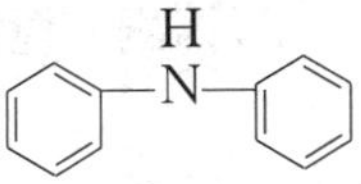

上述两种定糖的方法准确性较差，但快速简便，能鉴别 DNA 和 RNA，是鉴定核酸、核苷酸的常用方法。

三、实验器材与试剂

1. 实验器材　恒温水浴锅、布氏漏斗、移液管、烧杯、量筒、研钵。

2. 试剂/材料

(1) 新鲜植物组织。

(2) 95％乙醇。

(3) 丙酮。

(4) 5％高氯酸溶液。

(5) 0.5 mol/L 高氯酸溶液。

(6) 10％氯化钠溶液。

(7) RNA 标准溶液。

(8) DNA 标准溶液。

(9) 粗氯化钠。

(10) 二苯胺试剂：将 1 g 二苯胺溶于 100 mL 冰乙酸中，再加入 2.75 mL 浓硫酸，置于冰箱中可保存 6 个月。使用时，在室温下摇匀。

(11) 三氯化铁浓盐酸溶液：将 2 mL 10％三氯化铁溶液（用 $FeCl_3 \cdot 6H_2O$ 配制）加入 400 mL 浓盐酸中。

(12) 苔黑酚乙醇溶液。

(13) 海沙。

四、实验步骤

1. 核酸的分离

(1) 取植物组织 20 g，剪碎后置于研钵中。加入 20 mL 95％乙醇和少量海沙，研磨成匀浆。用布氏漏斗抽滤，弃去滤液。

(2) 向滤渣中加入 20 mL 丙酮，搅拌均匀，抽滤，弃去滤液。

(3) 向滤渣中加入 20 mL 丙酮，搅拌 5 min 后抽滤（用力压滤渣，尽量除去丙酮）。

(4) 在冰盐浴中，将滤渣悬浮在预冷的 20 mL 5％高氯酸溶液中，搅拌，抽滤，弃去滤液。

(5) 待滤渣悬浮于 20 mL 95％乙醇中，抽滤，弃去滤液。

（6）向滤渣中加入 20 mL 丙酮，搅拌 5 min。抽滤至干（用力压滤渣，尽量除去丙酮）。

（7）将干燥的滤渣重新悬浮在 40 mL 10％氯化钠溶液中，在沸水浴中加热 15 min，放置冷却，抽滤至干，留滤液，并将此操作重复进行一次。将两次滤液合并，此为提取物一。

（8）将滤渣重新悬浮在 20 mL 0.5 mol/L 高氯酸溶液中，加热到 70℃，保温 20 min（恒温水浴）后抽滤。留滤液，此为提取物二。

2. DNA 和 RNA 的定性鉴定

（1）二苯胺反应。取 5 支试管，编号，按表 1 加入各种试剂，反应后观察现象并记录结果。

表 1　二苯胺反应

项目	管号				
	1	2	3	4	5
蒸馏水（mL）	1	—	—	—	—
DNA 标准溶液（mL）	—	1	—	—	—
RNA 标准溶液（mL）	—	—	1	—	—
提取物一（mL）	—	—	—	1	—
提取物二（mL）	—	—	—	—	1
二苯胺试剂（mL）	2	2	2	2	2
放置于沸水浴中 10 min 后的现象					

（2）苔黑酚反应。取 5 支试管，编号，按表 2 加入各种试剂，反应后观察现象并记录结果。

表 2　苔黑酚反应

项目	管号				
	1	2	3	4	5
蒸馏水（mL）	1	—	—	—	—
DNA 标准溶液（mL）	—	1	—	—	—
RNA 标准溶液（mL）	—	—	1	—	—
提取物一（mL）	—	—	—	1	—
提取物二（mL）	—	—	—	—	1
三氯化铁浓盐酸溶液（mL）	2	2	2	2	2
苔黑酚乙醇溶液（mL）	0.2	0.2	0.2	0.2	0.2
放置于沸水浴中 10～20 min 后的现象					

根据观察到的现象，分析提取物一和提取物二中主要含有什么物质。

五、思考题

1. 核酸分离时为什么要除去小分子物质和脂类物质？本实验是怎样除掉它们的？

2. 运用本实验方法是否可以提取到能够进行其他生物实验用的核酸材料？

3. 快速鉴别 RNA 和 DNA 的方法是什么？

实验三十一　DNA 片段的 PCR 扩增及电泳检测

一、实验目的

掌握 DNA 片段的 PCR 扩增及电泳检测的具体操作步骤。

二、实验原理

聚合酶链式反应（polymerase chain reaction，PCR）是一种选择性体外扩增 DNA 的方法，其基本原理类似于 DNA 的天然复制过程。它包括变性（denature）、退火（anneal）和延伸（extension）3 个基本步骤。这 3 个基本步骤组成一轮循环，理论上每一轮循环将使目的 DNA 扩增 1 倍，这些经合成产生的 DNA 又可作为下一轮循环的模板，所以经 25～35 轮循环就可使 DNA 扩增达 10^6 倍。

DNA 分子在琼脂糖凝胶中泳动时有电荷效应和分子筛效应。DNA 分子在高于等电点的 pH 的溶液中带负电荷，在电场中向正极移动。由于糖-磷酸骨架在结构上的重复性质，相同数量的双链 DNA 几乎具有等量的净电荷，因此它们能以同样的速率向正极方向移动。

三、实验器材与试剂

1. 实验器材　PCR 仪、电泳槽、稳压稳流电泳仪、凝胶成像仪、制凝胶模具、电炉。

2. 试剂

（1）DNA 模板。

（2）引物。

（3）dNTP 混合液（dNTP mixture）：2.5 mmol/L。

（4）rTaq 酶。

（5）10 倍缓冲液（10×buffer）。

（6）双蒸水。

（7）琼脂糖。

（8）Tris-硼酸-EDTA 缓冲液（TBE buffer）。

（9）溴化乙锭（EB）（注意该试剂有致癌作用，用时要小心）。

（10）6 倍上样缓冲液（6×loading buffer）。

（11）Mark 2000。

四、实验步骤

1. PCR 反应

（1）反应体系。在 0.2 mL 离心管内加入以下反应物：

DNA 模板	2 μL
引物	0.5 μL＋0.5 μL
dNTP mixture（2.5 mmol/L）	2 μL
rTaq 酶	0.2 μL
10×buffer	2 μL
双蒸水	12.8 μL

总反应体系为 20 μL，如需扩大反应体系，按比例加入各成分即可。充分混匀，低速离心后放入 PCR 扩增仪中。

（2）反应程序。PCR 反应一般分为 3 个阶段。阶段一为预变性阶段，可以解开大部分的 DNA 双链结构；阶段二为主要反应阶段，分为变性、退火、延伸 3 个步骤，每 3 步为一个循环；阶段三为延伸阶段。

反应程序：

94℃　4 min

94℃　30 s

55℃　30 s ⎫

72℃　1 min ⎭ 30 个循环

72℃　10 min

4℃保存

2. 电泳检测

（1）配制 0.8% 的电泳胶（根据模具的大小确定所需凝胶的体积，普通大小的模具需要 25 mL，以下以总体积为 100 mL 为例）。

TBE buffer	100 mL
琼脂糖	0.8 g

加热溶解琼脂糖，稍微冷却，加入 2 滴 EB。摇匀后倒胶，并用小刀赶走气泡。待胶冷凝后（一般 20 min 左右），置于电泳槽中，浸于 TBE buffer 中平衡 10 min，待用。

（2）电泳。在 DNA 样品中加入 6×loading buffer。以 2 μL Mark 2000 作为对照，120 V 恒压电泳 20 min。在凝胶成像仪上观察结果。

五、思考题

1. 简述 PCR 的主要反应过程。

2. 通过查阅资料，思考 EB 染色的原理。

实验三十二　质粒 DNA 的提取

一、实验目的

掌握提取质粒 DNA 的方法及原理。

二、实验原理

细菌质粒是一类双链、闭环的 DNA，其大小为 1～200 kb。各种质粒都是存在于细胞质中、独立于细胞染色体之外的自主复制的遗传成分，通常情况下可持续稳定地处于染色体外的游离状态，但在一定条件下也会可逆地整合到寄主染色体上，随着染色体的复制而复制，并通过细胞分裂传递到后代。

碱裂解法是一种应用较为广泛的制备质粒 DNA 的方法，其基本原理：当菌体在 NaOH 和 SDS 溶液中裂解时，蛋白质与 DNA 发生变性；当加入中和液后，质粒 DNA 分子能够迅速复性，呈溶解状态，离心时留在上清液中；蛋白质与染色体 DNA 不变性而呈絮状，离心时可沉淀下来。

三、实验器材与试剂

1. 实验器材　高压灭菌锅、量筒、锥形瓶、摇床、离心机、移液枪、电泳槽、电泳仪、凝胶成像仪等。

2. 试剂

(1) 50 mmol/L 葡萄糖。

(2) 25 mmol/L Tris‐HCl（pH 8.0）。

(3) 10 mmol/L EDTA（pH 8.0）。

(4) 0.2 mol/L NaOH。

(5) 1% SDS（使用前临时配制）。

(6) 5 mol/L 乙酸钾（KAc）。

(7) 冰乙酸。

(8) 苯酚‐氯仿‐异戊醇（25∶24∶1）。

(9) 无水乙醇、70% 乙醇。

(10) Tris。

(11) H_3PO_3。

(12) 琼脂糖凝胶。

（13）1 µg/mL 溴化乙锭（EB）（注意该试剂有致癌作用，用时要小心）。

（14）6×loading buffer。

（15）Mark 2000。

（16）十二烷基硫酸钾（PDS）。

四、实验步骤

1. 试剂的制备

溶液Ⅰ：25 mmol/L Tris‐HCl（pH 8.0）12.5 mL、10 mmol/L EDTA（pH 8.0）10 mL、50 mmol/L 葡萄糖 10 mL，加双蒸水至 500 mL。在 121℃ 高压灭菌 15 min，4℃储存。

溶液Ⅱ：0.2 mol/L NaOH 1 mL、1% SDS 1 mL，等体积加入。

溶液Ⅲ：5 mol/L KAc 300 mL、冰乙酸 57.5 mL，加双蒸水至 500 mL。4℃保存备用。

2. 质粒提取

（1）挑取 LB 固体培养基上生长的单菌落，接种于 2.0 mL LB（含相应抗生素）液体培养基中，37℃ 200 r/min 振荡培养过夜（12～14 h）。

（2）取 1.5 mL 培养物，加入微量离心管中，室温下离心（8 000g 1 min），弃上清液，将离心管倒置，使液体尽可能流尽。

（3）将细菌沉淀重悬于 100 µL 预冷的溶液Ⅰ中，剧烈振荡，使菌体分散混匀，且不至于沉淀。

（4）加 200 µL 新鲜配制的溶液Ⅱ，颠倒数次，混匀（不要剧烈振荡），并将离心管放置于冰上 2～3 min，使细胞膜裂解，待离心管中菌液逐渐变清至透明，时间最好不要超过 5 min。

（5）加入 150 µL 预冷的溶液Ⅲ，将管温和地颠倒数次，混匀，见白色絮状沉淀，可在冰上放置 3～5 min。溶液Ⅲ为中和溶液，此时质粒 DNA 复性，染色体和蛋白质发生不可逆变性，形成不可溶复合物，同时 K^+ 使 SDS‐蛋白复合物沉淀。4℃离心 12 000 g 10 min，将上清液转移至另一新离心管中。

（6）加入等体积的苯酚‐氯仿‐异戊醇，振荡混匀，4℃离心 12 000g 10 min。未用 PDS 沉淀干净的蛋白质置于下层。

（7）小心移出上清液于一新离心管中，加入 2 倍体积预冷的无水乙醇，混匀，室温放置 2～5 min，4℃离心（12 000g 15 min）。

（8）取上述溶液 1 mL，用 70%乙醇洗涤沉淀 1～2 次，4℃离心 8 000g 7 min，弃上清液，将沉淀在室温下晾干。

（9）沉淀溶于 20 µL TE 缓冲液（含 RNase A 20 µg/mL），37℃水浴 30 min 以降解 RNA 分子，−20℃保存备用。

3. 质粒的琼脂糖凝胶电泳检测

（1）电泳胶的配制。配制 0.8％的电泳胶（根据模具的大小确定所需凝胶的体积，普通大小的模具需要 25 mL）。这里以总体积为 100 mL 为例。

EDTA	0.744 g
Tris	10.8 g
H_3PO_3	5.5 g
琼脂糖凝胶	0.8 g

加热溶解琼脂糖凝胶，稍微冷却，加入 2 滴 EB。摇匀后倒胶，并用小刀赶走气泡。待胶冷凝后（一般 20 min 左右），置于电泳槽中，浸于缓冲液（EDTA、Tris - HCl、H_3PO_3）中平衡 10 min，待用。

（2）电泳。在 DNA 样品中加入 6×loading buffer，6×loading buffer 的用量为加到 DNA 样品中后的总体积的 1/6。例如，2 μL DNA 样品中要加入 6×loading buffer 0.4 μL。DNA 的量根据不同实验目的有所不同。以 2 μL Mark 2000 作对照，120 V 恒压电泳 20 min。在凝胶成像仪上观察结果。

五、思考题

1. 试分析用无水乙醇沉淀 DNA 的原理。
2. 试分析溶液Ⅲ中 KAc 的作用。

实验三十三 发酵过程中无机磷的利用

一、实验目的

1. 了解发酵过程中无机磷的作用及磷酸化检查方法。
2. 掌握定磷法的原理及实验技术。

二、实验原理

酵母能够发酵糖，产生乙醇和CO_2，这一现象的生理机理主要涉及糖的氧化磷酸化过程。在此过程中，糖利用反应体系中的无机磷磷酸化成不同的有机代谢中间产物，使酵母发酵体系中无机磷的含量不断减少。

无机磷可以与钼酸作用生成磷钼酸配合物，进而被 $\alpha-1,2,4-$氨基萘酚磺酸钠还原成钼蓝化合物，该化合物颜色的深浅与磷酸的量成正比，由此可对无机磷进行定量。

本实验通过定时、定量测定反应体系中的无机磷，来观察发酵过程中酵母对无机磷的应用情况。

三、实验器材与试剂

1. 实验器材 恒温水浴锅、分光光度计、刻度离心管、研钵、试管及试管架、吸量管。

2. 试剂

（1）蔗糖。

（2）磷酸盐缓冲液：准确称取磷酸氢二钠（$Na_2HPO_4 \cdot 12H_2O$）60.35 g 和磷酸二氢钾（$KH_2PO_4 \cdot 2H_2O$）10 g 溶于水中，用水定容至 500 mL，放置于冰箱中备用。

（3）磷酸盐标准溶液（含磷 25 $\mu g/mL$）：先将磷酸二氢钾在 110℃烘 2 h，在干燥器中冷却后，准确称取 0.054 9 g，用水溶解并定容至 500 mL，放置于冰箱中备用。

（4）5％三氯乙酸溶液。

（5）硫酸-钼酸铵溶液：3 mol/L 硫酸和 2.5％钼酸铵溶液等体积混合。

（6）$\alpha-1,2,4-$氨基萘酚磺酸钠溶液。称取 0.25 g $\alpha-1,2,4-$氨基萘酚磺酸钠、15 g 亚硫酸氢钠和 0.5 g 亚硫酸钠，用水溶解并定容至 100 mL。临时用，加 3 倍水混匀。

(7) 新鲜啤酒酵母或活性干酵母。

四、实验步骤

1. 绘制标准曲线 取 6 支试管，按表 1 操作，以无机磷量（μg）为横坐标、A_{660} 为纵坐标，绘制标准曲线。

表 1　标准曲线绘制

项目	试管号					
	0	1	2	3	4	5
磷酸盐标准溶液（mL）	0	0.2	0.4	0.6	0.8	1.0
水（mL）	3.0	2.8	2.6	2.4	2.2	2.0
硫酸-钼酸铵溶液（mL）	2.5	2.5	2.5	2.5	2.5	2.5
α-1,2,4-氨基萘酚磺酸钠溶液（mL）	0.5	0.5	0.5	0.5	0.5	0.5
37℃水浴保温 10 min，冷却至室温						
含无机磷量（μg）	0	5	10	15	20	25
A_{660}						

注：各管加入 α-1,2,4-氨基萘酚磺酸钠溶液时，应每加 1 管，立即混匀。

2. 酵母发酵 取约 0.5 g 活性干酵母和 1 g 蔗糖放入研钵中，加入 3 mL 磷酸盐缓冲液，仔细研磨至糜，再加入 3 mL 蒸馏水和 2 mL 磷酸盐缓冲液，搅拌至匀浆，倒入 50 mL 锥形瓶中，立即取出 0.5 mL 均匀的悬浮液，加入盛有 3.5 mL 5% 三氯乙酸溶液的试管中，摇匀，作为待测试样 1。同时，将锥形瓶放入 37℃ 水浴中保温培养，经常摇匀，每隔 30 min 取出 0.5 mL 悬液，并立即加入盛有 3.5 mL 5% 三氯乙酸溶液的试管中，摇匀。共取 3 次，依次作为待测试样 2、待测试样 3、待测试样 4。

3. 无机磷的测定 将上述待测悬液静置 10 min 后用干滤纸过滤，获得澄清滤液。分别吸取滤液 1.0 mL，置于 4 支干净试管中，另取 1 支试管，加水 1.0 mL 作为空白，按照步骤 1 方法进行吸光度测定，然后在标准曲线上查出各种样液中的无机磷含量。

4. 计算

$$无机磷的消耗量 = \frac{C_1 - C_n}{C_1} \times 100\%$$

式中：

C_1 ——试样 1 的无机磷含量；

C_n ——待测样 n 的无机磷含量。

试样 1 无机磷含量为 100%。

五、思考题

1. 影响实验结果准确度的因素有哪些?

2. 无机磷消耗的快慢反映糖代谢的快慢,它受哪些因素的影响? 无机磷最终都转化为哪些有机磷?

实验三十四　从番茄中提取番茄红素和 β-胡萝卜素

一、实验目的

掌握提取番茄红素和 β-胡萝卜素的操作方法。

二、实验原理

番茄中含有番茄红素和少量的 β-胡萝卜素，二者均属于类胡萝卜素。类胡萝卜素为多烯类色素，不溶于水而溶于脂溶性有机溶剂。本实验先用乙醇将番茄中的水脱去，再用二氯甲烷萃取类胡萝卜素。因为二氯甲烷不与水混溶，故只有除去水分后才能有效地从组织中萃取出类胡萝卜素。根据番茄红素与 β-胡萝卜素极性的差别，用柱层析可以将它们分离。分离效果可以用薄层层析进行检验。

三、实验器材与试剂

1. 实验器材　圆底烧瓶、回流冷凝管、三角漏斗、带塞锥形瓶、层析柱。

2. 试剂、材料

（1）新鲜番茄浆。

（2）95％乙醇。

（3）二氯甲烷。

（4）石油醚（60～90℃）。

（5）氯仿。

（6）中性或酸性氧化铝。

（7）环己烷。

（8）硅胶 G。

（9）饱和氯化钠溶液。

（10）无水硫酸钠。

（11）苯。

（12）氧化铝。

四、实验步骤

1. 原料处理与色素提取　称取新鲜番茄浆 20 g 于 100 mL 圆底烧瓶中，加

95％乙醇 40 mL，摇匀，装上回流冷凝管，在水浴上加热回流 5 min，趁热抽滤，只将溶液倒出，残渣留在瓶内，加入 30 mL 二氯甲烷，水浴上加热回流 5 min，将上层溶液倾出，抽滤，固体仍保留在烧瓶内，再加 10 mL 二氯甲烷重复萃取 1 次。合并乙醇和 2 次二氯甲烷提取液，倒入分液漏斗中，加 5 mL 饱和氯化钠溶液（有利于分层），振摇，静置分层。分出橙黄色有机相，使其流经一个颈部塞有疏松棉花且在棉花上铺一层 1 cm 厚的无水硫酸钠的三角漏斗，以除去微量水分。将此溶液储存于干燥的带塞锥形瓶中。层析之前，将此溶液在通风橱中用热水浴蒸发至干。

2. 层析柱分离 取 1 支长 15 cm 左右、内径为 1～1.2 cm 的层析柱，柱内装有用石油醚调制的氧化铝。将粗制的类胡萝卜素溶解于 4 mL 苯中，用滴管在氧化铝表面附近沿柱壁将其缓缓加入柱中（留 1～2 滴供之后的薄层层析用），打开活塞，至有色物料在柱顶刚流干时即关闭活塞。用滴管取几毫升石油醚，沿柱壁洗下色素，并通过放出溶剂至柱顶刚流干，从而使色素吸附在柱上，然后加大量的石油醚洗脱。黄色的 β-胡萝卜素在柱中移动较快，红色的番茄红素移动较慢。收集洗脱液至黄色的 β-胡萝卜素从柱上完全除去，然后用极性较大的氯仿作洗脱剂洗脱番茄红素（注意更换接收瓶）。将收集到的两个部分在通风橱内用热水浴蒸发至干。将样品分别溶于尽可能少的二氯甲烷中，尽快进行薄层层析检验。

3. 薄层层析检验 在用硅胶 G 铺成的薄板上距离底边约 1 cm 处，分别用毛细管点上 3 个样品，中间点上未分离的混合物，两边分别点上分离得到的 β-胡萝卜素和番茄红素。可以多次点样，即点完 1 次，待溶剂挥发后再在原来的位置上点样。但要注意，必须在同一位置上点样，而且样品斑点应尽量小。点样时，毛细管只要轻轻接触板面即可，切不可划破硅胶层。样品之间的距离为 1～1.5 cm。将此板放入装有环己烷作展开剂的层析缸中，盖上盖子。切勿让展开剂浸没样品斑点。待溶剂展开至 10 cm 左右时，取出层析板。因斑点会氧化而迅速消失，故要用铅笔立即圈出。计算不同样品的 R_f，比较不同样品 R_f 的大小以及分离效果。

注意：

（1）氧化铝层析柱的装填方法。将层析柱垂直固定于铁架上，铺上一层薄薄的石英砂，关闭活塞。称取 15 g 氧化铝，置于 50 mL 锥形瓶中，加入15 mL 石油醚（顺序不能反），边加边搅拌，且不断旋摇直至形成均匀浆液（稠厚但能流动），向柱内加入溶剂（石油醚）至半满，然后开启活塞让溶剂以每秒 1 滴的速度流入小锥瓶中，摇动浆液，不断地逐渐倾入正在流出溶剂的柱子中，不断用木棒或带橡皮管的玻璃棒轻轻敲击柱身，使顶部呈水平面，将收集到的溶剂在柱内反复循环几次，以保证沉降完全。整个过程不能让柱流干。待溶剂刚好放至柱顶刚变干时即可上样。

（2）硅胶 G 薄层板的制备。将 4 g 硅胶 G 置于一个小烧杯中，加入 8 mL 蒸馏水，不断搅拌至糨糊状，倾倒在洗净的玻璃板上（18 cm×6 cm），流平，或用涂布器铺板，并轻轻敲打均匀，在室温放置 30 min，晾干，然后移入烘箱，缓慢升温至 105～110℃，恒温活化 30 min，取出，放入干燥器中备用。

五、思考题

1. 在本实验中，柱层析的操作要点是什么？
2. 柱层析法的分离原理是什么？

附 录
APPENDIX

附录1　常用仪器的使用

一、pH 计

pH 计是酸度计的简称，由电极和电计两部分组成。使用过程中要合理维护电极，按要求配制标准缓冲液，正确操作电极，从而减小 pH 示值误差，提高土壤实验数据、化学实验数据、医学检验数据的可靠性。

1. 安装

（1）电源的电压与频率必须符合仪器铭牌上所指明的数据，同时必须接地良好，否则在测量时可能指针不稳。

（2）仪器配有玻璃电极和甘汞电极。将玻璃电极的胶木帽夹在电极夹上，将甘汞电极的金属帽夹在电极夹的大夹子上。可利用电极夹上的支头螺丝调节两个电极的高度。

（3）玻璃电极在初次使用前，必须在蒸馏水中浸泡 24 h 以上。平常不用时也应浸泡在蒸馏水中。

（4）甘汞电极在初次使用前，应浸泡在饱和氯化钾溶液内，不要与玻璃电极同泡在蒸馏水中。不使用时也浸泡在饱和氯化钾溶液中，或用橡胶帽套住甘汞电极的下端毛细孔。

2. 校正

（1）将 pH – mV 开关拨到 pH 位置。

（2）打开电源开关，指示灯亮，预热 30 min。

（3）取下放蒸馏水的小烧杯，并用滤纸轻轻吸去玻璃电极上的多余水珠。在小烧杯内加入选择好的、已知 pH 的标准缓冲溶液，将电极浸入。注意使玻璃电极端部小球和甘汞电极的毛细孔浸在溶液中。轻轻摇动小烧杯使电极所接触的溶液均匀。

根据标准缓冲溶液的 pH，将量程开关拧到 0~7 处或 7~14 处。

（4）调节控温钮，使旋钮指示的温度与室温同。

（5）调节零点，使指针指在 pH 7 处。

（6）轻轻按下或稍转动读数开关使开关卡住。调节定位旋钮，使指针恰好指在标准缓冲溶液的 pH 数值处。放开读数开关，重复操作，直至数值稳定为止。

（7）校正后，切勿再旋动定位旋钮，否则需重新校正。取下标准缓冲溶液小烧杯。用蒸馏水冲洗电极。

3. 测定

（1）将电极上多余的水珠吸干或用被测溶液冲洗 2 次，然后将电极浸入被测溶液中，并轻轻转动或摇动小烧杯使溶液均匀接触电极。

（2）被测溶液的温度应与标准缓冲溶液的温度相同。

（3）校正零位，按下读数开关，指针所指的数值即是待测液的 pH。若在量程 pH 0～7 范围内测定时指针读数超过刻度，则应将量程开关置于 pH 7～14 处再测定。

（4）测定完毕，放开读数开关后，指针必须指在 pH 7 处，否则重新调整。

（5）关闭电源，冲洗电极，并按照前述方法浸泡。

二、可见分光光度计

1. 开机预热　仪器在使用前应预热 30 min。

2. 波长调整　转动波长旋钮，并观察波长显示窗，调整至需要的测试波长。

注意事项：转动测试波长调 100％T/0 A 后，以稳定 5 min 后进行测试为好（符合行业标准及市场监督管理局检定规程的要求）。

3. 设置测试模式

（1）按动功能键便可切换测试模式。相应的测试模式循环如下：开机默认的测试方式为吸光度方式。

（2）光源切换（适用于 752 型、754 型、755B 型），仪器在紫外光谱区和可见光谱区使用不同的光源，所以需要波动光源切换杆来手动地切换光源。建议的光源切换波长为 340 nm，即 200～339 nm 使用氘灯，340～1 000 nm 使用卤素灯。

注意事项：如果光源选择不正确，或光源切换杆不到位，将直接影响仪器的稳定性。特殊测试要求除外。

4. 比色皿配对性

（1）仪器所附的比色皿是经过配对测试的，未经配对处理的比色皿将影响样品的测试精度。

（2）石英比色皿一套两只，供紫外光谱区使用，置入样品架时，两只石英比色皿上标记 Q 或箭头方向要一致。玻璃比色皿一套 4 只，供可见光谱区使用。石英比色皿和玻璃比色皿不能混用，更不能与其他不经配对的比色皿混用。

（3）用手拿比色皿时应握比色皿的磨砂表面，不应该接触比色皿的透光面，即透光面上不能有手印或溶液痕迹，待测溶液中不能有气泡、悬浮物，否则也将影响样品的测试精度。

（4）比色皿在使用完毕后应立即清洗干净。

5. 调 T 零（0％T）　在 T 模式时，将遮光体置入样品架，合上样品室盖，并拉动样品架拉杆使其进入光路。然后按动"调 0％T"键，显示器上显示"00.0"或"－00.0"，便完成调 T 零，完成调 T 零后，取出遮光体。

注意事项：

（1）测试模式应在透射比（T）模式。

（2）如果未置入遮光体就合上样品室盖，并使其进入光路便无法完成调 T 零。

（3）调 T 零时，不要打开样品室盖、推拉样品架。

（4）调 T 零后（未取出遮光体），如切换至吸光度测试模式，显示器上显示为".EL"，需按动"调 0％T"键。

6. 调 100％T/0A　将参比样品置入样品架，并推拉样品架拉杆使其进入光路。然后按动"调 100％T"键，此时屏幕显示"BL"，延时数秒便显示"100.0"（在 T 模式时）或"－.000"（在 A 模式时），即自动完成调 100％T/0A。

注意事项：调 100％T/0A 时，不要打开样品室盖、推拉样品架。

7. 吸光度测试

（1）按动功能键，切换至透射比测试模式。

（2）调整测试波长，置入遮光体，合上样品室，并使其进入光路，按动"调％T"键调 T 零，此时仪器显示"00.0"或"－00.0"。完成调 T 零后，取出遮光体。

（3）按动功能键，切换至吸光度测试模式。

（4）置入参比样品，按动"调 100％T"键，此时仪器显示"BL"，延时数秒后便显示"－.000"或".000"。

（5）置入待测样品，读取测试数据。

8. 721 型分光光度计

（1）其波长范围 360～800 nm，色散元件为三角棱形。

（2）检查仪器各调节钮的起始位置是否正确，接通电源开关，打开样品室暗箱盖，使电表指针处于"0"位，预热 20 min 后，再选择需要的单色光波长和相应的放大灵敏度档，用调"0"电位器调整电表为 T＝0％。

（3）盖上样品室盖使光电管受光，推动试样架拉手，使参比溶液池（溶液装入 4/5 高度，置第一格）置于光路上，调节 100％透射比调节器，使电表指针指 T＝100％。

（4）重复进行打开样品室盖，调"0"，盖上样品室盖，调透射比为 100％的操作至仪器稳定。

（5）盖上样品室盖，推动试样架拉手，使样品溶液池置于光路上，读出吸光度值。读数后，应立即打开样品室盖。

（6）测量完毕，取出比色皿，洗净后倒置于滤纸上晾干。各旋钮置于原来位置，电源开关置于"关"，拔下电源插头。

（7）放大器各挡的灵敏度为："1"为×1 倍；"2"为×10 倍；"3"为×20倍，灵敏度依次增大。由于单色光波长不同时，光能量不同，因此需选不同的灵敏度挡。选择原则是在能使参比溶液调到 T＝100％处时，尽量使用灵敏度较低的挡，以提高仪器的稳定性。改变灵敏度挡后，应重新调"0"和"100"。

三、紫外分光光度计

1. 使用方法

（1）预热仪器。将选择开关置于"T"，打开电源开关，使仪器预热 20 min。为了防止光电管疲劳，不要连续光照。预热仪器时和不测定时，应将试样室盖打开，使光路切断。

（2）选定波长。根据实验要求，转动波长手轮，调至所需的单色波长。

（3）固定灵敏度挡。在能使空白溶液很好地调到"100％"的情况下，尽可能采用灵敏度较低挡。使用时，首先调到"1"挡，若灵敏度不够，再逐渐升高。但换挡改变灵敏度后，须重新校正"0％"和"100％"。选好的灵敏度，在实验过程中不要再变动。

（4）调节 T＝0％。轻轻旋动"0％"旋钮，使数字显示为"00.0"（此时试样室是打开的）。

（5）调节 T＝100％。将盛蒸馏水（或空白溶液，或纯溶剂）的比色皿放入比色皿座架中的第一格内，并对准光路，把试样室盖子轻轻盖上，调节透过率"100％"旋钮，使数字显示正好为"100.0"。

（6）吸光度的测定。将选择开关置于"A"，盖上试样室盖子，将空白液置于光路中，调节吸光度调节旋钮，使数字显示为".000"。将盛有待测溶液的比色皿放入比色皿座架中的其他格内，盖上试样室盖，轻轻拉动试样架拉手，使待测溶液进入光路，此时数字显示值即为该待测溶液的吸光度值。读数后，打开试样室盖，切断光路。重复上述测定操作 1～2 次，读取相应的吸光度值，取平均值。

（7）浓度的测定。选择开关由"A"旋至"C"，将已标定浓度的样品放入光路，调节浓度旋钮，使得数字显示为标定值，将被测样品放入光路，此时数字显示值即为该待测溶液的浓度值。

（8）关机实验完毕，切断电源，将比色皿取出洗净，并将比色皿座架用软纸擦净。

2. 注意事项

（1）为了防止光电管疲劳，当不测定时，必须将试样室盖打开，使光路切断，以延长光电管的使用寿命。

（2）取拿比色皿时，手指只能捏住比色皿的毛玻璃面，而不能碰比色皿的光学表面。

（3）比色皿不能用碱溶液或氧化性强的洗涤液洗涤，也不能用毛刷清洗。比色皿外壁附着的水或溶液应用擦镜纸或细而软的吸水纸吸干，擦拭干净，以免损伤它的光学表面。

四、微量移液器

适用的液体：水、缓冲液、稀释的盐溶液和酸碱溶液。

1. 标准操作

（1）按到第一挡，垂直进入液面几个毫米。

（2）缓慢松开控制按钮，否则液体进入吸头过快，会导致液体倒吸入移液器内部从而使吸入体积变小。

（3）打出液体时贴壁并有一定角度，先按到第一挡，稍微停顿 1 s 后，待剩余液体聚集后，再按到第二挡将剩余液体全部压出。

2. 黏稠或易挥发液体的移取　在移取黏稠或易挥发的液体时，很容易导致体积误差较大。为了提高移液准确性，建议采取以下方法：

（1）移液前，先用液体预湿吸头内部，即反复吸打液体几次使吸头预湿，吸液或排出液体时最好多停留几秒。尤其对于移取体积大的液体，建议将吸头预湿后再移取。

（2）采用反相移液法：吸液时按到第一挡，慢慢松开控制按钮，打液时按到第二挡即可，部分液体残留在吸头内。

3. 常见的错误操作

（1）吸液时，移液器本身倾斜，导致移液不准确（应该垂直吸液、慢吸慢放）。

（2）装配吸头时，用力过猛，导致吸头难以脱卸（无须用力过猛，选择与移液器匹配的吸头）。

（3）平放带有残余液体吸头的移液器（应将移液器挂在移液器架上）。

（4）用大量程的移液器移取小体积样品（应该选择合适量程范围的移液器）。

（5）直接按到第二挡吸液（应该按照上述标准方法操作）。

（6）使用丙酮或强腐蚀性的液体清洗移液器（应该参照正确清洗方法操作）。

五、电子天平

如 FA1004N 电子分析天平。

用途：实验室等科研单位样品的精密测重，称量范围为 0～100 g，可读性 $d=0.1$ mg，检定标尺 $e=10\,d$。

操作步骤：

1. 校准天平

（1）有必要校准的情形：天平首次使用；称重操作进行了一段时间；放置地点变更之后；环境温度强烈变化之后。

（2）校准操作：让天平空载后，按"TARE"键即清零。等天平稳定后，按"C"键，显示屏上出现"C"后，轻轻放上校准砝码至秤盘中心，关上玻璃门约 30 s 后，显示校准确砝码值，听到"嘟"一声后，取出校准砝码，天平校准完毕。

2. 称重方法

（1）基本称重。按一下"TARE"键，天平清零。等待天平显示零后，再将物体放置在秤盘中，称重稳定后，即可读取重量读数。

（2）使用容器称量。先将空的容器放在秤盘上，按"TARE"键清零；将待测物体放入容器中，称重稳定后，即可读取重量读数。

（3）称重模式切换。

① 称重模式：选择按住"M"键不放，天平在克、金盎司、克拉、计件、百分比称重模式之间循环切换，待天平显示所需称重模式时，放开"M"键，天平进入所选模式。

② 计件称重：按"TARE"键清零，等待天平显示零；放上 10 件被称物件，待称重稳定后，选择计件称重模式 PCS。

③ 百分比称重：按"TARE"键清零，等待天平显示零；放上标准样，待称重稳定后，选择百分比称重模式。

（4）打印输出：按"M"键即可将当前显示的称重从 RS232C 接口输出。

（5）操作环境要求。

① 温度：15～25℃，且变化缓慢。

② 湿度：50％～75％，超出此范围应增湿或去湿。

③ 没有振动或晃动。

④ 无强电磁干扰：拨打手机时，应远离天平1m以上。

⑤ 无强气流干扰。

⑥ 室内无腐蚀性气体。

（6）被测物体的要求。

① 被测物加上盛装盒子总称量应小于天平最大称量。

② 被测物具有粉尘性、滚动性、颗粒性、黏滞性、流动性、腐蚀性之一，应该使用额外的盒子进行称量。

③ 被测物具有挥发性、吸水性，应使用盒子进行测量。

④ 被测物具有强磁性，或易带电、产生静电，应使用金属盒进行屏蔽测量。

⑤ 被测物带有水分时，应擦干并用不渗水的盒子盛装。

⑥ 被测物与环境温度不一致时，应使用保温盒盛装，保温盒外壳温度应尽可能与环境温度一致，并尽可能密封，防止吸收挥发水分。

六、烘箱和恒温箱

适宜做500℃以下加热干燥热处理用，不适用于挥发性物品及易燃易爆物品的烘烤。

1. 操作方法

（1）将物品放进箱内，关上箱门，并将箱顶上的风顶活门适当旋开，以利于空气对流。

（2）设定温度至所需值。

（3）接通电源，开启选温开关。低温加热时，只需要开第一挡。

2. 注意事项及维护

（1）通电使用时，人体切忌触碰左侧内的电器部分，检修时应先切断电源。

（2）箱内物体放置不宜过挤，应留有对流空间，有利于加热处理。

（3）干燥箱无防爆装置，切勿放入易燃易爆物品。

（4）工作时，箱门、风顶、拉手等处理温度较高，慎防烫伤。箱门打开时，也应防止热气烫伤。每次使用完毕，必须将电源全部切断，经常保持箱内清洁。

七、电热恒温水浴

电热恒温水浴用于恒温加热、消毒及蒸发等。常用的有单孔、3孔、6孔等。工作温度从室温以上至 100℃，恒温变动范围为 0.5～1℃。

1. 使用方法

（1）关闭水浴底部外侧的放水阀门，向水浴锅内注入蒸馏水至适当的深度，加蒸馏水是为了防止水浴槽体（铝板活铜板）被腐蚀。

（2）将电源插头接在插座上，合上电闸。插座的粗孔必须安装地线。

（3）打开电源开关，接通电源，表示电炉丝通电开始加热。

（4）将调温旋钮调制适当的温度。

（5）使用完毕，关闭电源开关，拉下电闸，拔下插头。

（6）若较长时间不用，应将调温旋钮退回零位，并打开防水阀门，放尽水浴槽内的全部存水。

2. 注意事项

（1）水浴槽内的水位绝对不能低于电热管，否则电热管被烧坏。

（2）控制箱部分切勿受潮，以防漏电损坏。

（3）初次使用时，应加入与所需温度相近的水后再通电，并防止水箱内无水时接通电源。

（4）在使用过程中，注意随时盖上水浴槽盖，防止水箱内水被蒸发干。

八、超速冷冻离心机

1. 离心机操作步骤

（1）接通电源，打开离心机盖。

（2）按要求装配好离心管，按要求安装离心转头。

（3）关上离心机盖。

（4）输入离心数据，编辑离心程序。

（5）抽真空，并开始运行程序。

（6）程序结束后，去真空。

（7）打开离心机盖，取出转头。

（8）取出离心管并进行分析。

2. 离心管的选用

（1）玻璃离心管绝对不能在高速离心机、超速离心机上使用。

（2）PA（聚酰胺）管：化学性能稳定，半透明，能耐高温消毒。

（3）PP（聚丙烯）管：化学性能稳定，半透明，能耐高温消毒。

（4）PC（聚碳酸酯）管：透明度好，硬度大，能耐高温消毒，但不耐强酸、强碱及某些有机溶剂。主要用于 50 000 r/min 以上的离心。

（5）PS（聚苯乙烯）管：透明，硬度大，对大多数的水溶液稳定，但是会被多种有机物腐蚀，多用于低速离心，而且一般是一次性使用。

　　（6）PF（聚氟）管：半透明，可以低温使用，如果是－140～－100℃的实验环境，就可以用这种材质的离心管。

　　（7）PE（聚乙烯）管：不透明，与丙酮、醋酸、盐酸等不反应，较为稳定，高温下容易变软。

　　（8）CAB（醋酸丁酯纤维素）管：透明，可用于较稀的酸、碱、盐，以及酒精、蔗糖的梯度测定。

3. 离心注意事项

　　（1）样品放置、位置、质量须对称平衡，否则引起离心机无法正常运转，导致离心机的损伤，缩短离心机的使用寿命。

　　（2）若离心管盖子密封性差，液体就不能加满（针对高速离心且使用角度头），以防外溢。外溢后果：污染转头和离心腔，影响感应器正常工作。

　　（3）超速离心时，液体一定要加满离心管，因为超速离心时需抽真空，只有加满，才能避免离心管变形。

　　（4）使用角度头时，别忘盖转头盖。如未盖，离心腔内会产生很大的涡流阻力和摩擦升温，这等于给离心机的电机和制冷机增加了额外负担，影响离心机的使用寿命。

4. 保养注意事项

　　（1）清洁离心机腔体和转头，并擦干腔内冷凝水。

　　（2）使用完后要打开腔门，直至腔内恢复常温。

　　（3）离心之前要平衡样品。

　　（4）离心之后要注意消毒和灭菌。

　　（5）根据需要选用管、瓶、适配器和垫片，根据要求加样品量。

　　（6）必要时预冷转子。

　　（7）转头的维护和存放，注意保护底部的计数环。

　　（8）工具的准确使用和转头的正确安装。

九、低速离心机的使用

1. 各按键的含义

　　（1）左移键：数字换位，使数码管闪烁位左移一位。

　　（2）加减键：使闪烁数字加一或减一。

　　（3）选择键：选择转速、时间等功能。

　　（4）记忆键：保存用户设置的数据。

　　（5）离心键：使离心机开始运转。

　　（6）停止键：离心机停转，恢复复位状态。

　　（7）数码键显示数据或状态。

2. 转速的设定和运转时间的设定

（1）接好电源，打开电源开关，窗口显示设定的时间和转速。

（2）如需调整仪器的运行参数（运行时间和速度），按选择键出现上次设定的工作转速，末位闪烁。

（3）用左移键和加减键，输入需要的工作转速。

（4）必须按记忆键，存下设定的数值。

（5）再按选择键，时间窗口显示上次设定的时间数值。

（6）用左移键和加减键设定所需工作时间，单位为 min，工作时间包括加速时间和最高转速时间，但不包括减速时间。

（7）必须按记忆键存下该设定的数值。

（8）按选择键，退出设定。

（9）确保离心机盖门已关好后，按离心键，仪器工作，窗口分别显示剩余时间和实际转速，达到设定时间，降速到"0"，在数秒后，电子门锁弹开，用手打开盖门，取出样品。

如有需要，在运行中可按停止键，中断机器运转。

3. 注意事项

（1）使用前，应检查仪器是否有伤痕、腐蚀，离心管是否有裂纹老化现象，发现疑问应停止使用。实验完毕后，将转头和仪器擦干净，以防试液污染而产生腐蚀。

（2）离心杯、离心管必须等量灌注，切不可在转子不平衡状态下运转（切记先在天平上配平）。

（3）不能在塑料盖上放置任何物品，以免影响仪器的使用效果，不能在机器运转过程中或者转子未停稳的情况下打开盖门，以免发生事故。

（4）转速设定不得超过最高转速以保证仪器正常运转。

（5）使用中如出现"00000"或其他数字机器不运转，应关机断电，10 s 后重新开机。待显示设定转速后，再按运转键将照常运转。

（6）离心机一次运行最好不要超过 60 min。

（7）离心机必须可靠接地，机器不使用时请拔掉插头。

（8）如果未能及时打开盖门，可按停止键打开盖门。

（9）如果遇到停电或其他原因自动门锁不能被打开，可以用六角扳手将机壳左侧的内六角螺母顺时针旋转 90°，自动门锁就可以被打开。

附录 2　化学试剂的分级及溶液配制

化学试剂的分级见附表 1。

附表 1　化学试剂的分级

规格标准和用途	一级试剂	二级试剂	三级试剂	四级试剂	生物试剂
我国标准	保证试剂 G. R. 绿色标签	分析纯 A. R. 红色标签	化学纯 C. P. 蓝色标签	实验试剂 化学用 L. R.	B. R. 或 C. R.
用途	纯度最高、杂质含量最少的试剂，适用于最精确分析及研究工作	纯度较高，杂质含量较低，适用精确的微量分析工作，为分析实验室广泛使用	质量略低于二级试剂，适用于一般的微量分析实验，包括要求不高的工业分析和快速分析	纯度较低，但高于工业用的试剂，适用于一般定性检验	根据说明使用

一、常用术语

1. 溶质　可均匀地分布在另一液体里的物质，称为溶质。

2. 溶剂　使溶质质点均匀分布的介质，称为溶剂。

3. 溶液　由 2 种或多种成分组成的液态的均匀系统，称为液体溶液。由 2 种或 2 种以上成分所组成的固态的均匀系统，称为固体溶液。试剂中多为液体溶液。通常把液体溶液称为溶液。

因为溶液是由溶质和溶剂相互均匀分布所组成的液体，所以往往不易区分溶质和溶剂。一般把单独存在时和组成的溶液的状态相同的那一组分称为溶剂。如蔗糖的水溶液，水是溶剂，蔗糖是溶质。在制备试剂时，一般将要用的物质称为溶质。把溶解溶质的介质称为溶剂。如氢氧化钠溶液，配制的目的是要用氢氧化钠，所以氢氧化钠是溶质，水是溶剂。如果两种都是液体，也以要用的组分为介质。如在 20% 和 95% 的乙醇溶液中，则乙醇都是溶质，水都是溶剂。

（1）真溶液。溶液里的溶质是以分子状态或离子状态均匀地分布在溶剂的分子之间，溶质颗粒的直径小于 1×10^{-8} mm，这种溶液称为真溶液。

（2）乳浊液。由 2 种均匀地分布着但又互不相溶的液体微小珠滴组成的液体称为乳浊液。这些小珠滴的直径大于 1×10^{-4} mm。把乳浊液静置相当时间后，它的两个组分会互相分离开来。如将水和油经充分振荡或高速搅拌混合后，就成为微小的水滴和微小油滴相互均匀分布的液体系统。但静置相当时间后，油和水仍会分开为两层。

（3）悬浊液。在这种液体的溶剂中散布着固体的微小颗粒（分子的集合体），这些溶质颗粒的直径大于 1×10^{-4} mm。如把悬浊液静置相当时间，悬浮的固体颗粒就会下沉到容器底部。

（4）胶体溶液。在这种溶液里悬浮的小颗粒与前两种浊液一样，都是由许多分子集合体组成的。但是，它的直径大于真溶液的颗粒，而又小于浊液的颗粒，处于 $1\times10^{-10}\sim1\times10^{-8}$ mm。所以，胶体溶液具有一些特点。如胶体溶液具有真溶液所没有的"丁达尔效应"，胶体溶液长期静置不会有颗粒分离出来，这一点又与浊液不同。因此，可以认为胶体溶液是真溶液和浊液之间的过渡状态。鸡蛋清的水溶液就是胶体溶液。淀粉和动物胶（如白明胶）在热水中都能形成胶体溶液。人及动物的血液和植物的浆汁都是复杂的胶体溶液。

4. 溶解　溶质均匀地分布在溶剂中，称为溶解。

（1）溶解速度。在单位时间内，溶质的分子分布到溶剂里的数量称为溶解速度。各种溶质的溶解速度不同，并受外界条件（如温度、压力、振动、搅拌等）影响。

（2）溶解热。在溶质溶解于溶剂的过程中，所发生的能量变化（总的热效应）习惯上统称为溶解热。若溶解时放热，则溶解热是正值；若溶解时吸热，则溶解热是负值。

以固体溶质为例，可溶解的固体都是以晶体状态存在的。溶质的质点从挣脱出晶格到均匀分布在溶剂里所需要的热能，称为溶解热效应。另外，溶质的质点与溶剂还会相互结合成一种特殊的溶剂化合物。这种溶剂化合物溶剂化的过程是一个放热的化学过程。所以，溶剂化所放出的热量称为溶剂化热效应。在溶解过程中，若溶解热效应大于溶剂化热效应，则溶解过程总的热效应表现为吸热；反之，若溶剂化热效应大于溶解效应，则溶解过程总的热效应表现为放热。

1 g 分子的物质在溶解时（溶于大量的溶剂中）所放出（或吸收）的热量，称为该物质的溶解热。几种盐类的溶解热见附表 2。

附表 2　几种盐类的溶解热（kJ/mol）

化合物	$Na_2SO_4\cdot10H_2O$	KNO_3	NH_4NO_3	NaCl	KOH	$CaCl_2$
溶解热	-78.4	-35.6	-26.4	-5.0	$+55.6$	$+71.5$

因此，在配制试剂时，往往采取一些措施加快溶解速度，以提高工作效率。例如：

① 溶质的块过大，要粉碎，以增加溶质与溶剂的接触面积。

② 溶解时吸解，要加热，帮助破坏溶质的品质和质点的扩散。

③ 溶解时放热，要冷却，用冷水浴或冰浴等，加快水化物的生成。

④ 加以搅拌或振荡，使溶质分散，帮助散冷或散热，加快溶质分散程度。

（3）在一定的温度、压力下，溶剂中所溶解的溶质已达到最大量的溶液，称为饱和溶液。若溶质在溶剂中溶解的量低于饱和溶液的量，该溶液称为不饱和溶液。生物化学工作中还使用"半饱和溶液"的术语，指的是溶质在溶剂中溶解的量相当于饱和溶液内该溶质的量的一半。当在溶剂中溶质的量超过相应的饱和状态时，此溶液称为过饱和溶液。

5. 溶解度　在一定的条件（0℃、20℃或100℃，一个大气压）下，在100 g水（溶剂）中所能溶解的溶质的最大量，称为该溶质的溶解度（g）。

一般规定在常温（20℃）下，某物质能溶解在100 g水中的量在10 g以上，称为易溶解物质；如果溶解的量少于1 g，则称为难溶物质；若溶解的量少于1/10 000 g，称为不溶解的物质（各个溶解名词的含义见附表3）。实际上，绝对不溶的物质是没有的。这里讲的易溶、难溶和不溶，是相对的，而不是绝对的。

附表3　各个溶解名词的含义

溶解名称	溶质（g）	溶剂
极易溶解	1	在<1 g溶剂中溶解
易溶	1	在1～10 g溶剂中溶解
溶解	1	在10～30 g溶剂中溶解
略溶	1	在30～80 g溶剂中溶解
微溶	1	在100～1 000 g溶剂中溶解
极微溶解	1	在1 000～10 000 g溶剂中溶解
几乎不溶解或不溶	1	在10 000 g溶剂中不能完全溶解

6. 溶液浓度　在一定质量或一定体积的溶液中所含溶质的量，称为溶液的浓度。

二、溶液浓度的表示及其配制

1. 百分比浓度（简写为％）　质量分数（ω_B）：即每100 g溶液中所含溶质的质量（以g计）。

溶质（g）＋溶剂（g）＝100 g 溶液

配制质量分数（％）溶液时：

（1）若溶质是固体：

称取溶质的质量（以 g 计）＝需配制溶液的总量×需配制溶液的质量分数

需用溶剂的质量（以 g 计）＝需配制溶液的总量－称取溶质的质量（以 g 计）

（2）若溶质是液体：

$$应量取溶质的体积＝\frac{需配制溶液的总量}{溶质的相对密度×溶质的质量分数}×需配制溶液的质量分数$$

需用溶剂的质量（以 g 计）＝需配制溶液的总量－（需配制溶液的总量×需配制溶液的质量分数）

一般配制溶质为固体的稀溶液时，有时也习惯用 100 mL 溶液中所含溶质的质量（以 g 计）表示溶液的浓度。例如，配制 1.0％氢氧化钠溶液时，称取 1.0 g 氢氧化钠，用水溶解，稀释至 100 mL。

2. 体积分数（Φ_B，％） 是指每 100 mL 溶液中含溶质的体积（以 mL 计）。一般用于配制溶质为液体的溶液，如各种浓度的酒精溶液。

3. 物质的量（mol）**和物质的量浓度**（mol/L）

1 mol＝$6.023×10^{23}$分子（阿伏伽德罗常数）

如：1 mol 葡萄糖（M_r＝180）为 180 g；

1 mol 白蛋白（M_r＝68 000）为 68 000 g 或 68 kg。

物质的量适用于包括原子、离子或自由基以及分子具有明确组成的其他质点。

物质的量浓度（mol/L）：即在 1 L 溶液中含有溶质的量。

$$物质的量浓度＝\frac{溶质的质量（g）}{溶质的相对分子质量}（溶解后定容至 1 000 mL）$$

称取溶质的质量（以 g 计）＝需配制溶液的物质的量浓度×

$$\frac{溶质的相对分子质量×需配制溶液的体积（以 mL 计）}{1000}$$

此外，对尚无明确分子组成，如存在于提取物中的蛋白质或核酸浓度，或一混合物中的生物活性化合物，如维生素 B_{12} 和血清免疫球蛋白的分子质量尚未被肯定的物质，其浓度以单位容积中溶质的质量（而非 mol/L）表示，如 g/L、mg/L 和 μg/L 等。

三、溶液浓度的调整

1. 浓溶液稀释法 从浓溶液稀释成稀溶液可根据浓度与体积成反比的原理进行计算：

$$c_1 \times V_1 = c_2 \times V_2$$

式中：

c_1 ——浓溶液浓度；

V_1 ——浓溶液体积；

c_2 ——稀溶液浓度；

V_2 ——稀溶液体积。

2. 稀溶液浓度的调整　按照溶液的浓度与体积成反比的原理，或利用交叉法进行计算。

$$c \times (V_1 + V_2) = c_2 \times V_2 + c_1 \times V_1$$

式中：

c ——所需溶液浓度；

V_1 ——浓溶液的体积；

V_2 ——稀溶液的体积；

c_2 ——稀溶液的浓度；

c_1 ——浓溶液的浓度。

3. 溶液浓度互换公式

$$质量分数（\%）= \frac{溶质质量}{溶液质量} \times 100\%$$

$$溶质的量浓度（mol/L）= \frac{质量分数 \times 溶液体积 \times 相对密度}{相对分子质量}$$

四、试剂配制的一般注意事项

（1）称量要精确，特别是在配制标准溶液、缓冲液时，更应注意严格称量。有特殊要求的，要按规定进行干燥、恒重、提纯等。

（2）一般溶液都应用蒸馏水或无离子水（即离子交换水）配制，有特殊要求的除外。

（3）化学试剂根据其质量分为各种规格（品级）；如纯度很高的光谱纯、层析纯、纯度较低的工业纯、药典纯（相当于四级）等。配制溶液时，应根据实验要求选择不同规格的试剂。

（4）试剂应根据需要量配制，一般不宜过多，以免积压浪费，过期失效。

（5）试剂（特别是液体）一经取出，不得放回原瓶，以免因量器或药勺不清洁而污染整瓶试剂。取固体试剂时，必须使用洁净干燥的药勺。

（6）配制试剂所用的玻璃器皿，都要清洁干净。存放试剂的试剂瓶应清洁干燥。

（7）试剂瓶上应贴标签。写明试剂名称、浓度、配制日期及配制人。

（8）试剂用后要用原瓶塞塞紧，瓶塞不得沾染其他污物或污染桌面。

（9）有些化学试剂极易变质，变质后不能继续使用。

五、试剂的保存

一般易变质和需要用特殊方式保存的常用试剂见附表 4。

附表 4　一般易变质和需要用特殊方式保存的常用试剂

保存方式	注意事项	试剂举例
需要密封	易潮解吸湿	氯化钙、氢氧化钠（钾）、碘化钾、三氯化铁、三氯乙酸
	易失水风化	结晶硫酸钠、硫酸亚铁、含水磷酸氢二钠、硫代硫酸钠
	易挥发	氨水、氯仿、醚、碘、麝香草酚、甲醚、乙醇、丙酮
	易吸收 CO_2	氢氧化钠（钾）
	易氧化	硫酸亚铁、醚、醛类、酚类、抗坏血酸和一切还原剂
	易变质	四苯硼钠、丙酮酸钠、许多生物制品（常需冷藏）
需要避光	见光变色	硝酸银（变黑）、酚（变红）、氯仿（产生光气）、茚三酮（变淡红）
	见光分解	过氧化氢、氯仿、漂白粉、氢氰酸
	见光氧化	乙醚、醛类、亚铁盐和一切还原剂
特殊方法保管	易爆炸	苦味酸、硝酸盐类、过氯酸、叠氮化钠
	剧毒	氰化钾（钠）、汞、砷化物、溴
	易燃	乙醚、甲醇、乙醇、丙醇、苯、石油醚、二甲苯、汽油
	腐蚀	强酸、强碱

需要密封的化学试剂，可以先加塞塞紧，然后再用蜡封口。有的平时还需要保存在干燥器内，干燥剂可以用生石灰、无水氯化钙和硅胶，一般不宜用硫酸。需要避光保存的化学试剂，可置于棕色瓶内或用黑纸包装。

附录 3　常用缓冲溶液的配制

由一定物质所组成的溶液，在加入一定量的酸或碱时，其氢离子浓度改变甚微或几乎不改变，此种溶液称为缓冲溶液，这种作用称为缓冲作用，其溶液内所含物质称为缓冲剂。

缓冲剂的组成，多为弱酸及这种弱酸与强碱所组成的盐，或弱碱及这种弱碱和强酸所组成的盐。调节二者的比例可以配制成各种 pH 的缓冲液。

1. 磷酸盐缓冲液　磷酸氢二钠-磷酸二氢钠缓冲液（0.2 mol/L）见附表 5。

附表 5　磷酸氢二钠-磷酸二氢钠缓冲液（0.2 mol/L）

pH	0.2 mol/L Na_2HPO_4 (mL)	0.2 mol/L NaH_2PO_4 (mL)	pH	0.2 mol/L Na_2HPO_4 (mL)	0.2 mol/L NaH_2PO_4 (mL)
5.8	8.0	92.0	7.0	61.0	39.0
5.9	10.0	90.0	7.1	67.0	33.0
6.0	12.3	87.7	7.2	72.0	28.0
6.1	15.0	85.0	7.3	77.0	23.0
6.2	18.5	81.5	7.4	81.0	19.0
6.3	22.5	77.5	7.5	84.0	16.0
6.4	26.5	73.5	7.6	87.0	13.0
6.5	31.5	68.5	7.7	89.5	10.5
6.6	37.5	62.5	7.8	91.5	8.5
6.7	43.5	56.5	7.9	93.0	7.0
6.8	49.5	50.5	8.0	94.7	5.3
6.9	55.0	45.0			

注：$Na_2HPO_4 \cdot 2H_2O$ 相对分子质量为 178.05，0.2 mol/L 溶液含 35.61 g/L；$Na_2HPO_4 \cdot 12H_2O$ 相对分子质量为 358.14，0.2 mol/L 溶液含 71.63 g/L；$NaH_2PO_4 \cdot 2H_2O$ 相对分子质量为 156.03，0.2 mol/L 溶液含 31.21 g/L。

磷酸氢二钠-磷酸二氢钾缓冲液（1/15 mol/L）见附表 6。

附表6　磷酸氢二钠-磷酸二氢钾缓冲液（1/15 mol/L）

pH	1/15 mol/L Na_2HPO_4（mL）	1/15 mol/L KH_2PO_4（mL）	pH	1/15 mol/L Na_2HPO_4（mL）	1/15 mol/L KH_2PO_4（mL）
4.92	0.10	9.90	7.17	7.00	3.00
5.29	0.50	9.50	7.38	8.00	2.00
5.91	1.00	9.00	7.73	9.00	1.00
6.24	2.00	8.00	8.04	9.50	0.50
6.47	3.00	7.00	8.34	9.75	0.25
6.64	4.00	6.00	8.67	9.90	0.10
6.81	5.00	5.00	9.18	10.00	0
6.98	6.00	4.00			

注：$Na_2HPO_4 \cdot 2H_2O$ 相对分子质量为178.05，1/15 mol/L 溶液含 11.87 g/L；KH_2PO_4 相对分子质量为136，1/15 mol/L 溶液含 9.067 g/L。

2. 磷酸氢二钠-柠檬酸缓冲液　磷酸氢二钠-柠檬酸缓冲液见附表7。

附表7　磷酸氢二钠-柠檬酸缓冲液

pH	0.2 mol/L Na_2HPO_4（mL）	0.1 mol/L 柠檬酸（mL）	pH	0.2 mol/L Na_2HPO_4（mL）	0.1 mol/L 柠檬酸（mL）
2.2	0.40	19.60	5.2	10.72	9.28
2.4	1.24	18.76	5.4	11.15	8.85
2.6	2.18	17.82	5.6	11.60	8.40
2.8	3.17	16.83	5.8	12.09	7.91
3.0	4.11	15.89	6.0	12.63	7.37
3.2	4.94	15.06	6.2	13.22	6.78
3.4	5.70	14.30	6.4	13.85	6.15
3.6	6.44	13.56	6.6	14.55	5.45
3.8	7.10	12.90	6.8	15.45	4.55
4.0	7.71	12.29	7.0	16.47	3.53
4.2	8.28	11.72	7.2	17.39	2.61
4.4	8.82	11.18	7.4	18.17	1.83
4.6	9.35	10.65	7.6	18.73	1.27
4.8	9.86	10.14	7.8	19.15	0.85
5.0	10.30	9.70	8.0	19.45	0.55

注：$Na_2HPO_4 \cdot 2H_2O$ 相对分子质量为178.05，0.2 mol/L 溶液含 35.61 g/L；Na_2HPO_4 相对分子质量为141.98，0.2 mol/L 溶液含 28.40 g/L；柠檬酸相对分子质量为210.14，0.1 mol/L 溶液含 21.01 g/L。

3. 柠檬酸-柠檬酸钠缓冲液 柠檬酸-柠檬酸钠缓冲液（0.1 mol/L）见附表8。

附表8 柠檬酸-柠檬酸钠缓冲液（0.1 mol/L）

pH	0.1 mol/L 柠檬酸（mL）	0.1 mol/L 柠檬酸钠（mL）	pH	0.1 mol/L 柠檬酸（mL）	0.1 mol/L 柠檬酸钠（mL）
3.0	18.6	1.4	5.0	8.2	11.8
3.2	17.2	6.8	5.2	7.3	12.7
3.4	16.0	4.0	5.4	6.4	13.6
3.6	14.9	5.1	5.6	5.5	14.5
3.8	14.0	6.0	5.8	4.7	15.3
4.0	13.1	6.9	6.0	3.8	16.2
4.2	12.3	7.7	6.2	2.8	17.2
4.4	11.4	8.6	6.4	2.0	18.0
4.6	10.3	9.7	6.6	1.4	18.6
4.8	9.2	10.8			

注：柠檬酸相对分子质量为 210.14，0.1 mol/L 溶液含 21.01 g/L。柠檬酸钠相对分子质量为 294.12，0.1 mol/L 溶液含 29.41 g/L。

4. 柠檬酸-氢氧化钠-盐酸缓冲液 柠檬酸-氢氧化钠-盐酸缓冲液见附表9。

附表9 柠檬酸-氢氧化钠-盐酸缓冲液

pH	钠离子浓度（mol/L）	柠檬酸（g）	氢氧化钠（g）	浓盐酸（mL）	终体积（L）
2.2	0.20	210	84	160	10
3.1	0.20	210	83	116	10
3.3	0.20	210	83	106	10
4.3	0.20	210	83	45	10
5.3	0.35	245	144	68	10
5.8	0.45	285	186	105	10
6.5	0.38	266	156	126	10

注：使用时可以每升中加入 1 g 酚，若最后 pH 有变化，再用少量 50%氢氧化钠溶液或浓盐酸调节，冰箱保存。

5. Tris-盐酸缓冲液 Tris-盐酸缓冲液（0.05 mol/L，25℃）见附表10。50 mL 0.1 mol/L 三羟甲基氨基甲烷（Tris）溶液与 X mL 0.1 mol/L 盐酸混匀后，加水稀释至 100 mL。

附表 10 **Tris-盐酸缓冲液**（0.05 mol/L，25℃）

pH	X（mL）	pH	X（mL）
7.10	45.7	8.10	26.2
7.20	44.7	8.20	22.9
7.30	43.4	8.30	19.9
7.40	42.0	8.40	17.2
7.50	40.3	8.50	14.7
7.60	38.5	8.60	12.4
7.70	36.6	8.70	10.3
7.80	34.5	8.80	8.5
7.90	32.0	8.90	7.0
8.00	29.2		

注：Tris 相对分子质量为 121.14，0.1 mol/L 溶液含 12.114 g/L。

6. 磷酸二氢钾-氢氧化钠缓冲液 磷酸二氢钾-氢氧化钠缓冲液（0.05 mol/L）见附表11。X mL 0.2 mol/L KH_2PO_4＋Y mL NaOH 加水稀释至 20 mL。

附表 11 **磷酸二氢钾-氢氧化钠缓冲液**（0.05 mol/L）

pH（20℃）	X（mL）	Y（mL）	pH（20℃）	X（mL）	Y（mL）
5.8	5	0.372	7.0	5	2.963
6.0	5	0.570	7.2	5	3.500
6.2	5	0.860	7.4	5	3.950
6.4	5	1.260	7.6	5	4.280
6.6	5	1.780	7.8	5	4.520
6.8	5	2.365	8.0	5	4.680

7. 乙酸-乙酸钠缓冲液　乙酸-乙酸钠缓冲液（0.2 mol/L）见附表12。

附表12　乙酸-乙酸钠缓冲液（0.2 mol/L）

pH（18℃）	0.2 mol/L NaAc（mL）	0.2 mol/L HAc（mL）	pH（18℃）	0.2 mol/L NaAc（mL）	0.2 mol/L HAc（mL）
3.6	0.75	9.25	4.8	5.90	4.10
3.8	1.20	8.80	5.0	7.00	3.00
4.0	1.80	8.20	5.2	7.90	2.10
4.2	2.65	7.35	5.4	8.60	1.40
4.4	3.70	6.30	5.6	9.10	0.90
4.6	4.90	5.10	5.8	9.40	0.60

注：NaAc·3H₂O相对分子质量为136.09，0.2 mol/L溶液含27.22 g/L；HAc相对分子质量为60.05，0.2 mol/L溶液含12.01 g/L。

8. 甘氨酸-盐酸缓冲液　甘氨酸-盐酸缓冲液（0.05 mol/L）见附表13。X mL 0.2 mol/L甘氨酸＋Y mL 0.2 mol/L HCl加水稀释至200 mL。

附表13　甘氨酸-盐酸缓冲液（0.05 mol/L）

pH（20℃）	X（mL）	Y（mL）	pH（20℃）	X（mL）	Y（mL）
2.2	50	44.0	3.0	50	11.4
2.4	50	32.4	3.2	50	8.2
2.6	50	24.2	3.4	50	6.4
2.8	50	16.8	3.6	50	5.0

注：甘氨酸相对分子质量为75.07，0.2 mol/L甘氨酸溶液含15.01 g/L。

9. 甘氨酸-氢氧化钠缓冲液　甘氨酸-氢氧化钠缓冲液（0.05 mol/L）见附表14。X mL 0.2 mol/L甘氨酸＋Y mL 0.2 mol/L氢氧化钠，再加水稀释至200 mL。

附表14　甘氨酸-氢氧化钠缓冲（0.05 mol/L）

pH	X（mL）	Y（mL）	pH	X（mL）	Y（mL）
8.6	50	4.0	9.6	50	22.4
8.8	50	6.0	9.8	50	27.2
9.0	50	8.8	10.0	50	32.0
9.2	50	12.0	10.4	50	38.6
9.4	50	16.8	10.6	50	45.5

注：甘氨酸相对分子质量为75.07，0.2 mol/L甘氨酸溶液含15.01 g/L。

10. 邻苯二甲酸钾-盐酸缓冲液　邻苯二甲酸钾-盐酸缓冲液（0.05 mol/L）见附表15。X mL 0.2 mol/L 邻苯二甲酸钾＋Y mL 0.2 mol/L HCl，再加水稀释至 20 mL。

附表15　邻苯二甲酸钾-盐酸缓冲液（0.05 mol/L）

pH（20℃）	X（mL）	Y（mL）	pH（20℃）	X（mL）	Y（mL）
2.4	5	3.960	3.2	5	1.470
2.6	5	3.295	3.4	5	0.990
2.8	5	2.642	3.6	5	0.597
3.0	5	2.022	3.8	5	0.263

注：邻苯二甲酸钾相对分子质量为204.23，0.2 mol/L 邻苯二甲酸钾溶液含 40.85 g/L。

11. PBS 缓冲盐　PBS 缓冲盐（磷酸盐生理盐水缓冲液）见附表16。

附表16　**PBS 缓冲盐**（磷酸盐生理盐水缓冲液）

项目	pH			
	7.6	7.4	7.2	7.0
H_2O（mL）	1 000	1 000	1 000	1 000
NaCl（g）	8.5	8.5	8.5	8.5
Na_2HPO_4（g）	2.2	2.2	2.2	2.2
NaH_2PO_4（g）	0.1	0.2	0.3	0.4

12. 巴比妥钠-盐酸缓冲液　巴比妥钠-盐酸缓冲液见附表17。

附表17　**巴比妥钠-盐酸缓冲液**

pH	0.04 mol/L 巴比妥钠（mL）	0.2 mol/L 盐酸（mL）	pH	0.04 mol/L 巴比妥钠（mL）	0.2 mol/L 盐酸（mL）
6.8	100	18.4	8.4	100	5.21
7.0	100	17.8	8.6	100	3.82
7.2	100	16.7	8.8	100	2.52
7.4	100	15.3	9.0	100	1.65
7.6	100	13.4	9.2	100	1.13
7.8	100	11.5	9.4	100	0.70
8.0	100	9.39	9.6	100	0.35
8.2	100	7.21			

注：巴比妥钠相对分子质量为206.18，0.04 mol/L 溶液含 8.25 g/L。

13. 硼酸-硼砂缓冲液　硼酸-硼砂缓冲液（0.2 mol/L 硼酸根）见附表18。

附表18　硼酸-硼砂缓冲液（0.2 mol/L 硼酸根）

pH	0.05 mol/L 硼砂（mL）	0.2 mol/L 硼酸（mL）	pH	0.05 mol/L 硼砂（mL）	0.2 mol/L 硼酸（mL）
7.4	1.0	9.0	8.2	3.5	6.5
7.6	1.5	8.5	8.4	4.5	5.5
7.8	2.0	8.0	8.7	6.0	4.0
8.0	3.0	7.0	9.0	8.0	2.0

注：硼砂（$Na_2B_4O_7 \cdot 12H_2O$）相对分子质量为381.43，0.05 mol/L（＝0.2 mol/L 硼酸根）溶液含19.07 g/L；硼酸（H_3BO_3）相对分子质量为61.84，0.2 mol/L 溶液含12.37 g/L；硼砂易失去结晶水，必须在带塞的瓶中保存。

14. 硼砂-氢氧化钠缓冲液　硼砂-氢氧化钠缓冲液（0.05 mol/L 硼酸根）见附表19。X mL 0.05 mol/L 硼砂＋Y mL 0.2 mol/L 氢氧化钠，再加水稀释至 200 mL。

附表19　硼砂-氢氧化钠缓冲液（0.05 mol/L 硼酸根）

pH	X（mL）	Y（mL）	pH	X（mL）	Y（mL）
9.3	50	6.0	9.8	50	34.0
9.4	50	11.0	10.0	50	43.0
9.6	50	23.0	10.1	50	46.0

注：硼砂 $Na_2B_4O_7 \cdot 10H_2O$ 相对分子质量为381.43，0.05 mol/L（＝0.2 mol/L 硼酸根）溶液含19.07 g/L。

15. 碳酸钠-碳酸氢钠缓冲液　碳酸钠-碳酸氢钠缓冲液（0.1 mol/L）见附表20。

附表20　碳酸钠-碳酸氢钠缓冲液（0.1 mol/L）

pH		0.1 mol/L 碳酸钠（mL）	0.1 mol/L 碳酸氢钠（mL）
20℃	37℃		
9.16	8.77	1	9
9.40	9.12	2	8
9.51	9.40	3	7
9.78	9.50	4	6

（续）

pH		0.1 mol/L 碳酸钠	0.1 mol/L 碳酸氢钠
20℃	37℃	（mL）	（mL）
9.90	9.72	5	5
10.14	9.90	6	4
10.28	10.08	7	3
10.53	10.28	8	2
10.83	10.57	9	1

注：$Na_2CO_3 \cdot 10H_2O$ 相对分子质量为 286.2，0.1 mol/L 溶液含 28.62 g/L；$NaHCO_3$ 相对分子质量为 84.0，0.1 mol/L 溶液含 8.40 g/L；Ca^{2+}、Mg^{2+} 存在时，不得使用。

附录 4　常用酸碱指示剂

常用酸碱指示剂见附表21。

附表 21　常用酸碱指示剂

指示剂名称		配制方法	颜色		变色pH范围
中文名称	英文名称	0.1 g溶于250 mL下列溶剂	酸	碱	
甲酚红（酸范围）	cresol red (acid range)	水（含2.62 mL 0.1 mol/L NaOH）	红	黄	0.2~1.8
间苯甲酚紫（酸范围）	m-cresolpurple (acid range)	水（含2.72 mL 0.1 mol/L NaOH） 水（含2.62 mL 0.1 mol/L NaOH）	红	黄	1.0~2.6
麝香草酚蓝（酸范围）	thymol blue (acid range)	水（含2.15 mL 0.1 mol/L NaOH） 水（含2.62 mL 0.1 mol/L NaOH）	红	黄	1.2~2.8
甲基黄	methyl yellow	90%乙醇	红	黄	2.9~4.0
溴酚蓝	bromophenol blue	水（含1.49 mL 0.1 mol/L NaOH）	黄	紫	3.0~4.6
四溴酚蓝	tetrabromophenol blue	水（含1.0 mL 0.1 mol/L NaOH）	黄	蓝	3.0~4.6
刚果红	congo red	水或80%乙醇	紫	红橙	3.0~5.0
溴甲酚绿（蓝）	green (blue)	水（含1.43 mL 0.1 mol/L NaOH）	黄	蓝	3.6~5.2

（续）

指示剂名称		配制方法	颜色		变色 pH 范围
中文名称	英文名称	0.1 g 溶于 250 mL 下列溶剂	酸	碱	
氯酚红	chlorophenol red	水（含 2.36 mL 0.1 mol/L NaOH）	黄	紫红	4.8~6.4
溴甲酚紫	bromocresol purple	水（含 1.85 mL 0.1 mol/L NaOH）	黄	紫	5.2~6.8
石蕊	litmus	水	红	蓝	5.0~8.0
溴麝香草酚蓝	bromothymol blue	水（含 1.6 mL 0.1 mol/L NaOH）	黄	蓝	6.0~7.6
酚红	phenol red	水（含 1.82 mL 0.1 mol/L NaOH）	黄	红	6.8~8.4
中性红	neutral red	70%乙醇	红	橙棕	6.8~8.0
甲酚红（碱范围）	cresol red	水（含 2.62 mL 0.1 mol/L NaOH）	黄	红	7.2~8.8
间苯甲酚紫（碱范围）	m - cresol purple（basic range）	水（含 2.62 mL 0.1 mol/L NaOH）	黄	红紫	7.6~9.2
麝香草酚蓝（碱范围）	thymol blue	水（含 2.15 mL 0.1 mol/L NaOH）	黄	蓝	8.0~9.6
酚酞	phenolphthalein	70%~90%乙醇（60% 2 - 乙氧基乙醇）	无色	桃红	8.3~10.0
麝香草酚酞	thymol phthalein	90%乙醇	无色	蓝	9.3~10.5
茜素黄	alizarin yellow	乙醇	黄	红	10.1~12.0
金莲橙	tropeolin	水	黄	橙	11.1~12.7

附录 5　常用数据表

常用酸碱的质量分数、相对密度和物质的量浓度关系见附表 22。

附表 22　常用酸碱的质量分数、相对密度和物质的量浓度关系

质量分数(%)	H₂SO₄ 相对密度	H₂SO₄ 浓度(mol/L)	HNO₃ 相对密度	HNO₃ 浓度(mol/L)	HCl 相对密度	HCl 浓度(mol/L)	KOH 相对密度	KOH 浓度(mol/L)	NaOH 相对密度	NaOH 浓度(mol/L)	氨溶液 相对密度	氨溶液 浓度(mol/L)
2	1.013		1.011		1.009		1.016		1.023		0.992	
4	1.027		1.022		1.019		1.033		1.046		0.983	
6	1.04		1.033		1.029		1.048		1.069		0.973	
8	1.055		1.044		1.039		1.065		1.092		0.967	
10	1.069	1.1	1.056	1.7	1.049	2.9	1.082	1.9	1.115	2.8	0.96	5.6
12	1.088		1.068		1.059		1.1		1.137		0.953	
14	1.098		1.08		1.069		1.118		1.159		0.946	
16	1.112		1.093		1.079		1.137		1.181		0.939	
18	1.127		1.106		1.089		1.156		1.213		0.932	
20	1.143	2.3	1.119	3.6	1.1	6	1.176	4.2	1.225	6.1	0.926	10.9
22	1.158		1.132		1.11		1.196		1.247		0.919	
24	1.178		1.145		1.121		1.217		1.268		0.913	12.9

（续）

质量分数(%)	H₂SO₄ 相对密度	H₂SO₄ 浓度(mol/L)	HNO₃ 相对密度	HNO₃ 浓度(mol/L)	HCl 相对密度	HCl 浓度(mol/L)	KOH 相对密度	KOH 浓度(mol/L)	NaOH 相对密度	NaOH 浓度(mol/L)	氨溶液 相对密度	氨溶液 浓度(mol/L)
26	1.19		1.158		1.132		1.24		1.289		0.908	13.9
28	1.205		1.171		1.142		1.263		1.31		0.903	
30	1.224	3.7	1.184	5.6	1.152	9.5	1.268	6.8	1.332	10	0.898	15.8
32	1.238		1.198		1.163		1.31		1.352		0.893	
34	1.255		1.211		1.173		1.334		1.374		0.889	
36	1.273		1.225		1.183	11.7	1.358		1.395		0.884	18.7
38	1.29	5.3	1.238		1.194	12.4	1.384		1.416			
40	1.307		1.251	7.9			1.411	10.1	1.437	14.4		
42	1.324		1.264				1.437		1.458			
44	1.342		1.277				1.46		1.478			
46	1.361		1.29				1.485		1.499	1.499		
48	1.38		1.303				1.511		1.519			
50	1.399	7.1	1.316	10.4			1.538	13.7	1.54	19.3		
52	1.419		1.328				1.564		1.56			
54	1.439		1.34				1.59		1.58			
56	1.46		1.351				1.616	16.1	1.601			
58	1.482		1.362						1.622			
60	1.503	9.2	1.373	13.3					1.643	24.6		
62	1.525		1.384									
64	1.547		1.394									

（续）

质量分数(%)	H₂SO₄ 相对密度	H₂SO₄ 浓度(mol/L)	HNO₃ 相对密度	HNO₃ 浓度(mol/L)	HCl 相对密度	HCl 浓度(mol/L)	KOH 相对密度	KOH 浓度(mol/L)	NaOH 相对密度	NaOH 浓度(mol/L)	氨溶液 相对密度	氨溶液 浓度(mol/L)
66	1.571		1.403	14.6								
68	1.594		1.412	15.2								
70	1.617	11.5	1.421	15.8								
72	1.64		1.429									
74	1.664		1.437									
76	1.687		1.445									
78	1.71		1.453									
80	1.732	14.1	1.46	18.5								
82	1.755		1.467									
84	1.776		1.474									
86	1.793		1.48									
88	1.808		1.486									
90	1.819	16.7	1.491	23.1								
92	1.83		1.196									
94	1.837		1.5									
96	1.84	18	1.504									
98	1.841	18.4	1.51									
100	1.838	18.7	1.522	24								

调整硫酸铵溶液饱和度计算（25℃）见附表23。

附表 23　调整硫酸铵溶液饱和度计算（25℃）

项目	硫酸铵最终浓度（饱和度，%）																
硫酸铵起始浓度（饱和度，%）	10	20	25	30	33	35	40	45	50	55	60	65	70	75	80	90	100
	每升溶液需加入固体硫酸铵的质量（g）																
0	56	114	144	176	196	209	243	277	313	351	390	430	472	516	561	662	767
10		57	86	118	137	150	183	216	251	288	326	365	406	449	494	592	694
20			29	59	78	91	123	155	189	225	262	300	340	382	424	520	619
25				30	49	61	93	125	158	193	230	267	307	348	390	485	583
30					19	30	62	94	127	162	198	235	273	314	356	449	546
33						12	43	74	107	142	177	214	252	292	333	426	522
35							31	63	94	129	164	200	238	278	319	411	506
40								31	63	97	132	168	205	245	285	375	469
45									32	65	99	134	171	210	250	339	431
50										33	66	101	137	176	214	302	392
55											33	67	103	141	179	264	353
60												34	69	105	143	227	314
65														70	107	190	275
70														35	72	153	237
75															36	115	198
80																77	157
90																	79

注：表中数值是指在25℃下，硫酸铵溶液由初浓度调到终浓度时，每升溶液所加固体硫酸铵的质量（g）。

调整硫酸铵溶液饱和度计算（0℃）见附表24。

附表24　调整硫酸铵溶液饱和度计算（0℃）

硫酸铵最起始浓度（饱和度,%）	在0℃硫酸铵最终浓度（饱和度,%）每100 mL 溶液需加入固体硫酸铵的质量（g）																
	20	25	30	35	40	45	50	55	60	65	70	75	80	85	90	95	100
0	10.6	13.4	16.4	19.4	22.6	25.8	29.1	32.6	36.1	39.8	43.6	47.6	51.6	55.9	60.3	65.0	69.7
5	7.9	10.8	13.7	16.6	19.7	22.9	26.2	29.6	33.1	36.8	40.5	44.4	48.4	52.6	57.0	61.5	66.2
10	5.3	8.1	10.9	13.9	16.9	20.0	23.3	26.6	30.1	33.7	37.4	41.2	45.2	49.3	53.6	58.1	62.7
15	2.6	5.4	8.2	11.1	14.1	17.2	20.4	23.7	27.1	30.6	34.3	38.1	42.0	46.0	50.3	54.7	59.2
20	0	2.7	5.6	8.3	11.3	14.3	17.5	20.7	24.1	27.6	31.2	34.9	38.7	42.7	46.9	51.2	55.7
25		0	2.7	5.6	8.4	11.5	14.6	17.9	21.1	24.5	28.0	31.7	35.5	39.5	43.6	47.8	52.2
30			0	2.7	5.6	8.6	11.7	14.8	18.1	21.4	24.9	28.5	32.3	36.2	40.2	44.5	48.8
35				0	2.8	5.7	8.7	11.8	15.1	18.4	21.8	25.4	29.1	32.9	36.9	41.0	45.3
40					0	2.9	5.8	8.9	12.0	15.3	18.7	22.2	25.8	29.6	33.5	37.6	41.8
45						0	2.9	5.9	9.0	12.3	15.6	19.0	22.6	26.3	30.2	34.2	38.3
50							0	3.0	6.0	9.2	12.5	15.9	19.4	23.0	26.8	30.8	34.8
55								0	3.0	6.1	9.3	12.7	16.1	19.7	23.5	27.3	31.3
60									0	3.1	6.2	9.5	12.9	16.4	20.1	23.1	27.9
65										0	3.1	6.3	9.7	13.2	16.8	20.5	24.4
70											0	3.2	6.5	9.9	13.4	17.1	20.9
75												0	3.2	6.6	10.1	13.7	17.4
80													0	3.3	6.7	10.3	13.9
85														0	3.4	6.8	10.5
90															0	3.4	7.0
95																0	3.5
100																	0

注：表中数值是指在0℃下，硫酸铵溶液由初浓度调整到终浓度时，每100 mL 溶液所加固体硫酸铵的质量（g）。

附录6 实验记录及实验报告

开展实验前应认真预习，实验操作中仔细观察，并如实记录实验现象与数据，课后及时完成实验报告。

一、课前预习

实验课前应认真预习，写好预习报告，交教师审阅。预习报告内容：实验目的、实验原理、仪器和试剂、实验步骤、预习中遇到的问题。

实验原理要简明扼要；操作方法和步骤要用流程图或表格形式表达；预习中遇到的问题要记录并提出。

二、记录

详细、准确地做好实验记录是极为重要的，这也是培养学生实验能力和严谨科学作风的重要方面。

（1）实验中观测的结果和数据都应及时、如实地记在记录本上，必须公正客观，不可夹杂主观因素。

（2）实验记录要准确、清楚。每一结果至少要重复两次以上，即使观测的数据相同或偏差很大，也应如实记录，不得涂改。

（3）实验中使用仪器的类型、编号以及试剂的规格、化学式、相对分子质量、浓度等，都应记录清楚，以便总结实验、完成报告时进行核对和作为查找成败原因的参考依据。

三、实验报告

实验报告是实验的总结和汇报，通过实验报告的写作可以分析总结实验的经验，学会处理各种实验数据的方法，加深对生物化学原理和实验技术的理解与掌握，同时也是学习撰写科学研究论文的过程。

实验报告的内容包括实验目的、实验原理、实验步骤、数据处理及结果分析、思考题、讨论及心得。

实验报告的写作水平是衡量学生实验成绩的一个重要方面。实验报告必须独立完成，严禁抄袭。实验报告使用的语言要简明清楚，抓住关键，各种实验数据尽可能整理成表格（三线表）并作图表示。

实验结果和讨论是实验报告书写的重点，一定要写充分，多查阅有关文献和教科书，充分运用已学过的知识，进行深入探讨，勇于提出自己独到的分析和见解，并鼓励对实验提出改进意见。

主要参考文献
REFERENCES

北京大学生物系生化教研室，1986. 生物化学实验指导 ［M］. 北京：高等教育出版社.

陈辉，2005. 生物化学基础 ［M］. 北京：高等教育出版社.

邓天龙，廖梦霞，2006. 生物化学实验 ［M］. 成都：电子科技大学出版社.

高玲，2011. 生物化学实验教程 ［M］. 北京：高等教育出版社.

郭蔼光，2001. 基础生物化学 ［M］. 北京：高等教育出版社.

何开跃，李关荣，2013. 生物化学实验 ［M］. 北京：科学出版社.

李关荣，李天俊，冯建成，2011. 生物化学实验教程 ［M］. 北京：中国农业大学出版社.

李建武，余瑞元，袁明秀，等，1994. 生物化学实验原理和方法 ［M］. 北京：北京大学出
    版社.

李维平，2010. 生物工艺学 ［M］. 北京：科学出版社.

刘士平，龚美珍，2014. 生物化学实验 ［M］. 武汉：华中科技大学出版社.

刘志国，2011. 基因工程原理与技术 ［M］. 2 版. 北京：化学工业出版社.

卢圣栋，1993. 现代分子生物学实验技术 ［M］. 北京：高等教育出版社.

王镜岩，朱圣庚，徐长法，2008. 生物化学教程 ［M］. 北京：高等教育出版社.

王希成，2001. 生物化学 ［M］. 北京：清华大学出版社.

王秀奇，秦淑媛，高天慧，等，1999. 基础生物化学实验 ［M］. 2 版. 北京：高等教育出版社.

王重庆，李云兰，李德昌，等，1994. 高级生物化学实验教程 ［M］. 北京：北京大学出版社.

魏群，2009. 基础生物化学实验 ［M］. 3 版. 北京：高等教育出版社.

魏群，向本琼，井健，等，2007. 生物化学与分子生物学综合大实验 ［M］. 北京：化学工
    业出版社.

吴冠芳，潘华珍，吴翠，2000. 生物化学与分子生物学实验常用数据手册 ［M］. 北京：科
    学出版社.

吴赛玉，2005. 生物化学 ［M］. 北京：中国科学技术大学出版社.

吴梧桐，2005. 生物化学 ［M］. 5 版. 北京：人民卫生出版社.

吴显荣，1997. 基础生物化学 ［M］. 2 版. 北京：中国农业出版社.

于自然，黄熙泰，李翠凤，2003. 生物化学习题及实验技术 ［M］. 北京：化学工业出版社.

张楚富，2004. 生物化学原理 ［M］. 北京：高等教育出版社.

张洪渊，2002. 生物化学教程 ［M］. 3 版. 成都：四川大学出版社.

张曼夫，2002. 生物化学 ［M］. 北京：中国农业大学出版社.

张兴丽，王永敏，2017. 生物化学实验指导 ［M］. 北京：中国轻工业出版社.

赵永芳，2002. 生物化学技术原理及应用 [M]. 3 版. 北京：科学出版社.

周先碗，胡晓倩，2011. 基础生物化学实验 [M]. 北京：高等教育出版社.

Boyer，Rodney F，1986. Modern experimental biochemistry [M]. 3rd ed. Boston：Addison - Wesley Publishing Co.

Robert Switzer，Liam Garrity，1999. Experimental biochemistry：theory and exercises in fundamental methods [M]. San Francisco：W. H. Freeman and Company.

Shawn O Farrell，Ryan T，Ranallo，2000. Experiments in biochemistry：a hands - on approach：a manual for the undergraduate laboratory [M]. Florida：Harcourt Brace.